数据中国"百校工程"项目系列教材
数据科学与大数据技术专业系列规划教材

大数据导论

孟宪伟 许桂秋 ◉ 主编

万世明 檀大耀 梁烽 董国忠 孟剑 ◉ 副主编

BIG DATA
Technology

人民邮电出版社
北 京

图书在版编目（CIP）数据

大数据导论 / 孟宪伟，许桂秋主编. -- 北京：人民邮电出版社，2019.3（2021.7重印）
数据科学与大数据技术专业系列规划教材
ISBN 978-7-115-50345-9

Ⅰ．①大… Ⅱ．①孟… ②许… Ⅲ．①数据处理—教材 Ⅳ．①TP274

中国版本图书馆CIP数据核字(2019)第028030号

内 容 提 要

本书从系统的角度出发，全面介绍了大数据技术的基础知识，以提升读者对大数据的认知。全书分 3 个逻辑层次，共 9 章。第 1 个层次是与大数据概念相关的基础知识，包括第 1 章和第 2 章，主要介绍大数据的概念、发展历程、大数据的主要特征、大数据计算平台等内容。第 2 个层次是与大数据相关的技术基础知识，包括第 3～7 章，按照大数据开发的流程逐步讲解，主要介绍数据采集与预处理、大数据存储与管理、大数据计算框架、数据挖掘、数据可视化等内容。第 3 个层次探讨目前大数据计算的主要发展方向和未来应用前景，包括第 8 章和第 9 章，主要介绍大数据与云计算、大数据与人工智能等内容。

本书作为大数据技术的基础教材，目的不在于让读者对具体的某个技术平台细节有很深的理解，而在于尽量让读者体会整个大数据处理的技术流程，使读者能够掌握大数据技术的整体框架，能够在未来的学习和工作中运用系统化的大数据思维为所遇到的问题提供解决思路和方案。

本书结构合理，讲解深入浅出，可以作为高校的大数据导论课程教材，也可供对大数据感兴趣的读者阅读。

◆ 主　　编　孟宪伟　许桂秋
　　副主编　万世明　檀大耀　梁　烽　董国忠　孟　剑
　　责任编辑　邹文波
　　责任印制　陈　犇
◆ 人民邮电出版社出版发行　　北京市丰台区成寿寺路 11 号
　　邮编　100164　　电子邮件　315@ptpress.com.cn
　　网址　http://www.ptpress.com.cn
　　北京鑫正大印刷有限公司印刷
◆ 开本：787×1092　1/16
　　印张：12.25　　　　　　　　　2019 年 3 月第 1 版
　　字数：318 千字　　　　　　　2021 年 7 月北京第 8 次印刷

定价：49.80 元

读者服务热线：(010)81055256　印装质量热线：(010)81055316
反盗版热线：(010)81055315
广告经营许可证：京东市监广登字 20170147 号

前言

放眼全球，信息技术已经改变了世界的面貌。信息技术的高速发展，引发了近几年的大数据和人工智能浪潮。目前，整个社会都在关注大数据技术的发展。然而，多数人还是只闻其声，不知其实。信息技术人员作为时代"弄潮儿"，在对这些波澜壮阔的景象感到兴奋的同时，又深刻感受到技术的飞速变化所带来的巨大压力。

大数据技术是信息技术几十年发展和积累催生的产物。大数据的技术体系是在信息技术的技术积淀上发展而来的。

本书作为大数据技术的入门教材，能够帮助希望成为信息时代冲浪者的读者，快速跨入大数据技术的大门，帮助大数据技术的初学者尽快了解大数据技术。

全书共 9 章，各章主要内容如下。

第 1 章介绍大数据的定义，并详细介绍大数据技术的来龙去脉，确保读者能够正确理解大数据的概念，为后面的学习做好准备。

第 2 章概要介绍大数据的主要实用信息技术，使读者对支撑大数据发展的技术基础有一个全面的了解。

第 3 章详细阐述数据采集与预处理技术，包括大数据的数据采集方法、数据来源、数据预处理技术。

第 4 章深入讲解大数据存储与管理，重点介绍大数据时代数据库存储技术的发展和变化，让初学者了解大数据时代的数据存储和管理技术。

第 5 章讲解大数据计算框架，介绍常用的大数据计算平台。

第 6 章介绍大数据的关键核心技术——数据挖掘，重点对常用的数据挖掘算法进行介绍，为读者未来的深入学习打下基础。

第 7 章介绍数据可视化技术，讲解数据可视化的相关概念和工具。

第 8 章结合时代热点介绍大数据与云计算的关系。

第 9 章展望未来，介绍大数据与人工智能的关系。

本书可以作为高等院校数据科学与大数据技术、计算机、信息管理等相关专业的大数据入门教材。建议安排课时为 32 课时，教师可根据学生的接受能力及高校的培养方案选择教学内容。

由于编者水平有限，编写时间仓促，书中难免存在疏漏和不足之处，敬请广大读者批评指正。

编者

2019 年 1 月

目 录

第 1 章
什么是大数据

　　大数据无疑是当今社会的关注热点和信息技术高地，社会媒体无论是传统媒体还是新兴媒体，都充斥着有关大数据的各个维度的报道。报道的范围涉及大数据的概念、技术、应用、设想和展望等各个方面、各个层次，以至于整个社会老幼皆知。工程技术人员更是从中看到了新的社会创新动力甚至新的信息技术革命。大数据作为本书的论述和讨论主体，本书开篇将带领读者了解什么是大数据，以及大数据的社会价值体现在哪些方面。

　　本章主要内容如下。

　　（1）人类信息文明的发展。

　　（2）大数据时代的来临。

　　（3）大数据的主要特征。

　　（4）大数据的社会价值。

1.1　人类信息文明的发展

　　人类文明灿若星河、光彩夺目。科学发现，人类有文字记载的文明可以追溯到 5200 多年前的古埃及文明。我国中华文明最早的文字记载出现在距今 3500 多年前。在漫长的人类历史中，绝大部分人类文明都只能通过文字和书籍来简单记载。当然无论是东方还是西方，都出现了一代又一代的文学巨匠，他们对人类文明的记载，直到今天依然激励着世人和人类文明向前发展。

　　然而简单的文字记载是不能满足人类文明的长久发展的，因为文字记载的内容十分有限，同时，随着时间的推移，信息会丢失或被篡改。人类在经历工业革命和电力革命后，于 20 世纪后半叶迎来信息革命，尤其随着 21 世纪前 10 年微型计算机进入千家万户，国际互联网完成全球组网，人类社会进入信息时代。在信息时代，人类第一次可以通过文字、图表、影音、视频、三维动画、三维视频甚至 4D 影视等层出不穷的信息手段和技术方法全面地记录各个维度的人类文明。

总体来看，人类的信息文明起源于电子计算机技术的产生，尤其电子采集、电子存储、电子处理和电子显示整个电子信息处理全部流程的技术实现，标志着整个人类信息文明相关技术链条的成熟。随着整个信息链条节点的逐步壮大，人类信息文明终于被开启，并且极大地改变着人类生活的各个方面。人类信息文明是人类文明极大发展后由量变到质变的产物，同时更集中体现了人类整体文明的发展智慧，极大地丰富了人类的生产和生活方式，尤其提高了人类生产的效率和生活的质量。

1.2　大数据时代的来临

伴随着人类信息文明的跨越式发展，伴随着一波又一波的信息化建设浪潮，时到今日大数据时代真的来临了。

根据 IBM 公司前首席执行官郭士纳的观点，IT 领域基本每隔 15 年都会迎来一次重大的技术变革（见表 1-1）。1980 年前后，个人微型计算机（Microcomputer）逐步普及，尤其是随着制造技术的完善带来的计算机销售价格的大幅降低，使计算机逐步进入企业和千家万户，大大提高了整个社会的生产力，同时丰富了家庭的生活方式，人类迎来了第一次信息化浪潮。Intel、AMD、IBM、Apple、Microsoft、联想等信息企业成为第一次信息浪潮的"弄潮儿"。

表 1-1　　　　　　　　　　　　　　3 次信息化浪潮

信息化浪潮	发生时间	标志	解决的问题	企业界代表
第一次	1980 年前后	个人计算机	信息处理	Intel、AMD、IBM、Apple、Microsoft、联想等
第二次	1995 年前后	互联网	信息传输	Yahoo、Google、阿里巴巴、百度、腾讯等
第三次	2010 年前后	大数据	信息挖掘	Amazon、Google、IBM、VMWare、Cloudera 等

15 年后的 1995 年，人类开始全面进入互联网时代。互联网实现了世界五大洲数字信息资源的连通共享，人类正式进入"地球村"时代，人类也以此宣布了第二次信息化浪潮的到来。这次信息化浪潮的"弄潮儿"是人们所熟知的 Yahoo、Google、阿里巴巴、百度、腾讯等 IT 行业的互联网巨头。

又过 15 年，在 2010 年前后，云计算、大数据、物联网、人工智能逐步进入人们的视野，以此也拉开了人类的第三次信息化浪潮的大幕。大数据掀起了新的信息化浪潮，相信这次的信息化浪潮也会出现新一批的"弄潮儿"。

事务的发展不是一蹴而就的，大数据时代的来临一样经历了多方面的技术积累和更替，而人类信息文明的充分发展是大数据时代到来的主要推手。可以说是信息技术的发展和不断的快速革新才造就了信息量的指数级增长，而信息量的不断堆积直接造就了大数据概念的出现。随着相关技术的不断成熟，人们终于迎来了大数据时代。

1.2.1   信息技术的发展

大数据时代的到来得益于信息科技的跨越式持久发展，而信息技术主要解决的是信息采集、信息存储、信息处理和信息显示 4 个核心问题。这 4 个核心问题的相关技术的不断成熟才真的支撑了整个大数据时代的全面到来，具体的技术发展表现如下。

1. 信息采集技术的不断完善和实时程度的不断提升

大数据时代的到来离不开信息的大量采集。数据采集技术随着人类信息文明的发展已经有了质的飞跃（见图 1-1）。大数据技术主要依附于数字信息，就数字信息的采集技术而言，现在的数字信息采集方法已经十分完善，文字、图片、音频、视频等多维度的数字信息的采集手段和技术已经十分完备。数据的采集越来越实时化，随处可见实时音频直播和实时视频传播。可以说信息的采集环节已经基本实现实时化，而信息延迟主要在信息传输和信息处理阶段。

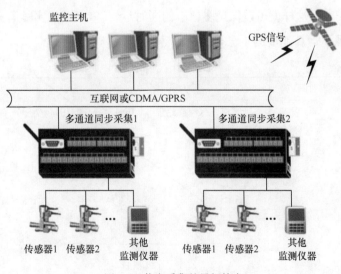

图 1-1   信息采集的最新技术

2. 信息存储技术的不断提升

早期存储设备的信息存储量十分有限，而且体积庞大、价格高昂。晶体管时代的任何一个存储装置都需要至少一个房间。1956 年，IBM 公司生产的一个总储量只有 5MB 的商业硬盘有一个电冰箱那么大。而到了今天，容量 1TB 的硬盘可以做到 3.5 英寸规格（长×宽×高约为 148mm×105mm×25mm）甚至 2.5 英寸规格（长×宽×高约为 100.35mm×69.85mm×7mm），读/写速度可以达到 100MB/s 以上，而价格只需要几百块甚至更低。同时，闪存技术的进步使小型快速存储芯片得到了长足的发展，而闪存芯片的发展也带来了移动通信设备尤其是个人移动手机的快速发展，直接带来了移动互联网的飞速发展，为信息存储和应用直接开辟了移动端市场，其长远的影响力和高扩展性还不断地改变着人们的生活和生产方式。可以说计算机硬盘的快速发展促进了高安全性和高扩展性的商业领域信息存储乃至信息积累，而移动端闪存的快速发展则拉动了个体生活和社会公共事务方面的快速信息积累，两者相辅相成，共同提供了大数据时代的信息体量支撑。

3. 信息处理速度和处理能力的急速提升

信息处理速度主要依靠计算机处理核心 CPU 的运算能力。CPU 单核心处理能力的演变长期遵循摩尔定律（见图 1-2），即当价格不变时，集成电路上可容纳的元器件的数目，约每隔 18~24 个月便会增加一倍，性能也将提高一倍，体现到 CPU 上，就是 CPU 的运算速度随着时间呈现指数增长趋势，所以在很长时间内，行业的发展主要集中在提高 CPU 单个核心的运算主频上。而随着摩尔定律的渐渐失效，尤其是伴随着提高 CPU 单核心主频带来的商业成本的成倍增加，直接促使技术模式由简单的提高单核心主频向多核心多线程发展，即增加单个 CPU 的处理核心的数量的同时增加内存和 CPU 联络的线程数量和通信带宽，这样就可以保证多核心的同时运转。CPU 的实际运算因核心数量的增加，同样实现了运算速度的十分可观的高速提升。

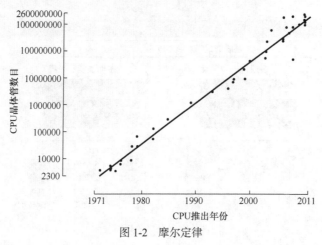

图 1-2　摩尔定律

4. 信息显示技术的完备和日臻成熟

信息的显示技术尤其是可视化技术近些年有了突破性进展，特别是随着图形图像处理技术的不断提升，图像显示越来越细腻，图像显示水平已经越来越趋于逼真和生动化（见图 1-3）。图像显示技术的发展突破了简单文字显示和图表显示的技术界限，信息显示由一维、二维显示拓展到了三维乃至更多维度显示。这样的显示技术带来了整个大数据行业的腾飞：首先，带给人们更好的视觉和感官享受，让信息技术更好、更快地融入信息时代；其次，带来了新的连带技术的发展，诸如图形化数据库、图像识别及人工智能等技术的全面发展；最后，信息显示的发展和日臻完善，给整个信息技术带来了从量到质的跨越式发展，并且会继续更加深远地影响整个大数据时代的发展。

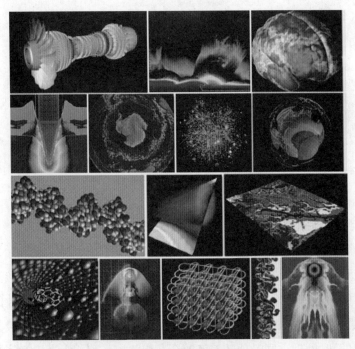

图 1-3　多彩的数据可视化手段

1.2.2　数据产生方式的变革

大数据时代的到来依托于信息技术的不断革新和发展，但是仅靠信息技术的发展，还是不能完全促使大数据时代的最终来临。信息技术的发展只能为大数据时代的来临带来技术上的铺垫和积淀。大数据时代的来临必须依托于数据量的爆炸式增长和完善，而这在很大程度上取决于数据产生方式的变革。可以说信息技术的发展促进了数据产生方式的变革,而反过来数据产生方式的革新也倒逼了信息技术的不断完善和发展,两者的发展是相辅相成和互相促进的。接下来就看看数据产生方式的变革历程(见图1-4)。

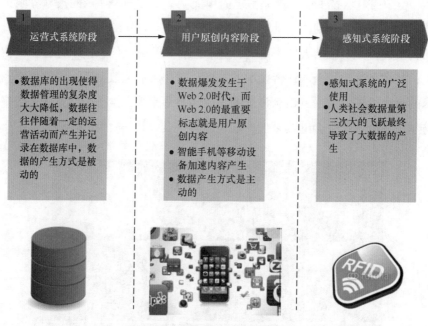

图 1-4　数据生产方式的变革

1. 传统大型商业领域业务运营数据产生方式的变化

可以说传统大型商业领域业务运营数据的采集是整个数据行业的开始,因为银行、商铺、保险、证券、股票、零售等商业数据的隐私性和保密性要求,直接激发了人们对信息行业发展的需求。同时这些传统的商业部门也完成了整个大数据行业的早期数据积累,尤其是对数据量变方面的贡献。由于整个商业领域有大量的保密且极其重要的数据需要妥善保存和随时处理,同时伴随着商业全球化的扩张和整个世界经济在过去半个世纪尤其第二次世界大战以后飞速的发展,都促使传统商业领域的数据量大幅增加。商业数据由过去的波浪形增长方式变成了指数型的爆炸式增长方式。这种数据产生方式的变化直接倒逼了信息技术的发展,包括传统数据库技术、数据检索标准语言——SQL、大型商业数据中心、全球商业数据网络等新的数据技术的发展,而这些技术都为传统商业运营所产生的大量数据提供存储和处理。

2. 互联网时代数据产生方式的变化

全球海底电缆连通世界五大洲,促使万维网全球数据连通;通信卫星的全球组网,再一次在移动端将整个人类联系在了一起，让每个人在智能手机的帮助下可以全球通达；与此同时，全球定位系统也实现向民用领域开放，目前以美国为首的 GPS 全球定位系统的民用服务已经到了十分便利和极其精确的程度。海底电缆、移动通信和全球定位系统 3 个大的信息核心技术的发展，让人们终于迎来了互联网时代的大规模数据产生方式。这样的数据产生方式促成了数据量的量变。全球移动通信用户逐年增加，而每一位终端用户都是独立的鲜活个体，其任何一秒钟产生的共享数据量都是惊人的，同时是不断更新和活跃的，全球人类第一次真的汇聚在"地球村"。

3. 物联网（IOT）加快了数据产生方式的变革

全球科技巨头都在积极布局物联网，而物联网的数据产生方式是完全实时的，这样的数据产生方式再次刷新了数据产生的量级，即便最简单的地下车库视频监控或商场的超市自动视频采集设备每天所产生的数据量都是天文数字，更别说全球联网实现的物联网全流程运作。物联网旨在将实物世界与信息数据实现完全的对应和联络，物联网时代在很大程度上在于对世界存在的实物进行信息标记、调度、利用、处理、再利用，然后对整个链条的信息化实物进行掌控。而这样的信息模式会造成终端数据量的再次质的飞跃，同时更为重要的是造成实时数据流的爆炸式增长。这样的数据产生方式是前所未有的，也最终在互联网信息时代催生出大数据时代后再次把大数据时代的未来推到了前所未有的高度。

综上所述，大数据时代的发展实际经历了 20 世纪 90 年代到 21 世纪初的萌芽阶段。这个阶段与数据商业运营模式的产生阶段对应，主要的大数据研究方向为商务智能、数据仓库和数据建模，目的在于为大型传统商业提供业务咨询、开拓销售市场，以及维护客户关系。随着互联网技术的不断成熟，尤其是 Web 2.0 时代的到来，大数据时代也发展到 21 世纪前 10 年的技术成熟期。这个阶段也正好与互联网时代的大众数据产生阶段对应，主要的大数据研究方向是网络资源搜索、社交网络、大众媒体、政务大型对公平台等的平台大数据处理，目的在于更好地利用互联网系统产生的大量数据，更好地为人们的生产、生活和销售市场带来私人订制或者群体定制式的信息服务。2010 年以后，大数据时代终于到了大规模应用期，这个阶段与物联网实时数据产生阶段对应，目的在于拓展大数据技术，实现人工智能。

1.3　大数据的主要特征

妇孺皆知，大数据时代已经到来，即便没有大数据专业知识的各个行业的从业者也梦想着通过各自的专业领域优势，借助大数据技术实现行业的飞跃。

1.3.1 大数据的数据特征

大数据数据层次的特征是最先被整个大数据行业所认识、所定义的，其中最为经典的是大数据的 4V 特征，即数据量巨大（Huge Volume）、数据类型繁多（Variety）、信息处理速度快（Velocity）、价值密度低（Value）。

1. 数据量巨大

数据量巨大是最被人们所认识、所公认的一个特征，也是随着人类信息化技术不断发展所必然呈现出来的结果。可以说整个人类的文明史就是信息的不断堆积史，而整个信息量的急速增长期主要出现在 20 世纪后半叶的信息化革命之后。据统计，从 1986 年开始到 2010 年的 20 多年时间里，全球的总体数据量增长了 100 倍，显然今后数据量的增长速度将更快，我们实实在在生活在一个"数据爆炸"时代。网络带宽的不断提升、移动互联网的更新换代、全球定位系统的高精度定位，以及网络搜索引擎的不断提升，这些带来的将是全人类的文明互联。社交网络（如 Facebook）与社交软件工具（如微信、QQ 等）的急速壮大，游戏的互通互享，以及全球商业贸易产业链的深度融合，无论在哪个维度，数据量都将爆炸式增长。同时，图像显示技术的长足发展尤其是 LED 数字图像显示处理技术的日臻完美，让我们几乎彻底忘记了 20 世纪 90 年代末笨重的显像管电视机。随着数字显示分辨率的不断提升，图像产生的数据量也呈现指数级增长，例如，一部电影的数据量由之前 DVD 级别的几百 MB，发展到现在高清视频的几百 GB 甚至更多。高清数字图像产生了巨量的图像信息，让大数据时代的数据量再一次飞速增长。根据著名咨询机构 IDC（Internet Data Center）做出的预测，人类社会产生的数据一直都在以每年 50% 的速度增长，基本每两年就增长一倍。这个预测被形象地称为"数据量摩尔定律"。这样的预测有望随大数据时代和人工智能时代的来临而打破。数据量的真实增长会是怎样的只有明天才有结论，但是数据量大却是大数据时代牢不可动的第一标签。

2. 数据类型繁多

从数据产生方式的几次改变就可以体会到数据类型跟随时代的变革。大型商业运营阶段产生的数据类型多为传统的结构化数据。这些数据多为隐私性和安全性级别都十分高的商业、贸易、物流，以及财务、保险、股票等的传统支柱行业数据。而互联网时代产生的数据类型多为非结构化的电子商务交易数据、社交网络数据、图片定位数据，以及商业智能报表、监控录像、卫星遥感数据等非结构化和二维码像素数据。互联网时代数据类型的改变也促进了新型数据库技术的大力发展，如 NoSQL 和 NewSQL 等数据库技术都得到了长足的发展，而这一切都是为了满足新数据类型的数据存储和高效利用的需要。IoT、人工智能时代的数据产生方式是多种多样的，其产生的数据类型也是多种多样的。

3. 信息处理速度快

大量的数据、繁杂的数据类型，必然要求较快的信息处理速度。近年来计算机核心处理单元 CPU 的综合信息处理能力呈现指数级增长。实际上，CPU 运算速度的增长分为两个阶段：第一个阶段，行业的关注重点是单个核心主频的不断提升，单核心的 CPU 速度经历了飞速的发展期；到了 21 世纪初，再提高单核心的主频已经出现了很大的工业困难，并且从成本的角度也不再符合整个市场的需求，因此行业领导者诸如 Intel 和 AMD 公司都把提高信息的处理速度的方式转变到多核心联动处理。这样在单个核心很难继续提升效率的情况下，通过多核联动实现了 CPU 运算速度的线性增长，目前基本也处于这样的状态下。大数据时代的到来为多核心、多线程的信息处理提供了极大的技术融合优势。

4. 价值密度低

大数据的数据量虽然巨大，但是人们关注的其中有用的信息却不容易被发现，这是大数据时代数据的一个显著特点。数据量级巨大，人们需要的有价值的数据资料和数据决策却难以得到，这就需要专业人员根据各自行业的需求，通过特定的技术手段和研究方法，在海量的价值密度极低的数据海洋里找到合适的数据集，再经过具体可行的数据分析和挖掘方法去得到可以利用的高密度价值的数据，促进低密度数据的高价值信息提取，从而实现大数据的科学合理利用。例如，现在很多行业和企事业单位都实现了单位控制下的办公地点、厂区、仓库、地下车库等全范围 360° 无死角全天候视频全景监控。这些监控设备每天产生的视频数据量十分巨大。即便一个小小的高中校园，每天都能产生成百上千 GB 的数据。但是如果我们真的去细细品味这些海量的实时视频监控数据，几乎百分之九十九都是一些与学生相关联的日常生活。这些正常的生活只是被现在的视频采集设备所捕获、抓取和存储在学校的数据中心罢了。而大数据时代像这样的海量数据"海绵体"比比皆是，可以说随时随地都在产生，而这些海量视频数据的价值密度一定是十分有限的，只有在有特定需求的情况下才能通过大数据的技术手段挖掘出其中的价值，如分析学生的校园生活爱好、学生的日常精神面貌、不同群体的学生的日常生活等。此时，这些海量的数据体就是很好的数据素材和数据基底，这就是现在大数据时代我们所面临的价值密度极度稀薄的现实。

1.3.2　大数据的技术特征

大数据的这 4 个着眼于数据层次的特征是被整个大数据行业公认的，也是本书必须予以尊重的。显然 4V 特征很好地描述了整个大数据的数据层次权威特征，但是大数据的主要特征显然不仅仅表现在数据层次。从技术层次看，大数据的技术特征也是可圈可点的，而这些技术特征决定了我们不仅要着眼于大数据的数据层次，还要注重大数据行业技术的方方面面。这些技术特征基本可以总结为如下几点。

1. 大数据时代的技术是开放性的

因为大数据本身是基于开放的数据时代而来的，也正是源于人们越来越多地通过数据信息形式去分享自己的生活，才使大数据时代的相关技术反而越来越趋于开放和开源。几乎所有的相关专业技术都有开源社区和开源版本，这是为了让大众更方便地接触大数据技术，同时这也是切实推进大数据技术的最好方法。

2. 大数据时代的技术是平台化的

由于大数据时代的技术开放性催生了平台化的大型大众数据服务平台系统。这种平台化的数据服务已经由最初的政府大型开放平台逐步走向了公众生活的方方面面，如购物有电子商务平台，出行有交通推荐平台，饮食游玩有大型的推荐规划平台，教育科研有相应的共享交流平台等。这些平台几乎都基于大型的开源互通平台，以及和平台相交融的众多的开源项目组合。开源的平台加开源的项目组合，就构成了平台化的大数据时代技术特征，这也是为什么各个行业都在十分紧迫地推进各个行业的专业化平台建设的原因。因为只有开放的平台才能搭载开放的组件，从而实现行业整条信息链的互通互联。

3. 大数据时代的技术是基于新型的实验训练性质的数学算法实现的

这些数学算法目前以机器学习、神经网络、深度学习、图像识别、定位识别、地理标位等新型的数学算法为基准，相对于传统的、单纯的数据分析和数学统计，目的在于预测未来，规划未知，提供决策，实现共赢。

4. 大数据时代的技术最终目标是实现人工智能管理和机器人代工

这样的时代是全人类的最终梦想，而无论人工智能还是机器人代工技术，都需要大数据技术为前哨和基础，这也是世界各国政府都积极全力推进各自的大数据政府级别统筹规划和实施策略的重要原因所在。

综上所述，大数据是既有自己独特的数据特征，又带有强烈的时代技术特色的综合体，其集中体现了人类文明的时代发展需求，也必将为人类未来的整个文明领域尤其是信息和计算领域带来新的革命性的改变。

1.4　大数据的社会价值

大数据的社会价值主要体现在以下几个方面。

1. 大数据为各个行业带来了行业规划和行业决策的整体升级及精准化

在信息时代之前，各个行业的发展主要靠管理层的经验和资本运作来实现。这样的行业管理和决策严重受制于管理者的经验甚至管理者自身的需求。虽然每一个管理者都会根据自己的所知所得尤其是对整个行业的了解和经验拿出自己最好的发展决策，但是纵观人类文明发展史，经验和过去并不能很好地反映未来世界的发展方向。虽然未来的发展会受到过去和人类经验的影响，但是跨越式的质变却是很难预知的，而人类的过往经验和认识在这样的时刻往往对未来的发展判断起到阻碍作用。大数据可以很好地帮助行业的领导者和管理层更加全面地认识整个行业的历史，以及行业的现状。大数据可以给行业决策者提供行业发展全面的数据和图形呈现，并且可以结合特定的行业算法实现科学的预测和市场分析规划。这就是大数据对行业未来的指导和预测作用。其对未来行业的社会价值是超出人们的想象的。

2. 大数据为行业的整体发展注入更加公平和充沛的活力

大数据出现之前的行业信息发布是十分有限的，甚至可以说只是被少数行业内部人士所掌控，这样的结果是行业的资本和市场的极度垄断。历史上有名的资本垄断方式很大程度上都是因为行业信息被财团掌握和发布虚假信息造成的。通过垄断信息，财团不仅可以把社会大众拒之门外，还能通过自身掌握的一手的行业权威信息进行资本布局和行业规划，最后自然全盘掌握，使资本利益最大化。同时财团还通过不对称的信息发布布局未来实现资本垄断的长治久安。大数据会最大限度地促进行业信息的实时对外披露。这样更加有利于大众创业的需求，极大地促进社会的整体公平竞争，也为消费者带来长足的利益，同时带来的是行业市场的公平和透明的竞争。这很大程度上带来了当今商品与资本市场更加高效的竞争和发展，促进了整个世界经济的可持续发展。

3. 大数据从实际意义上促进了信息技术产业与工业企业的深度融合

长久以来，我们都知道人类已经来到信息时代，但是各行各业的企事业单位总会把传统部门（如人事、财务、管理、运营、市场、销售）分割出来，同时每个公司都有一个独特的部门——IT 部门，而一般 IT 部门多在处理各个其他传统部门内部联通和保证信息安全可靠的工作，这样，实际的信息技术只不过在企事业内部起到一个边角的辅助功能，而大数据的目的是促进企事业单位各个部门的信息化融合和统筹利用，这样有利于打破部门信息孤岛，实现整个部门信息的数据链共享，为各个部门的规划、协同发展和共同风险担当实现可行信息途径，有效避免部门内部纷争和责任风险规避，使企事业各个部门内部更加高效廉洁，同时为管理层和各部门内部的管理沟通铺路搭桥，促进整个企业整体的信息化和数字化融合，更加高效地利用整个行业大数据，利用整合数据优势为企业发展提供更加可靠、科学、安全有用的数据服务信息。

4. 大数据极大地提升了企业自主创新能力，为新技术和新方法的出现提供高效信息咨询

历史上的企业技术创新多源于经验积累和偶然事件，而大数据时代的今天，科技工作者将有更宽阔的视野，结合大数据提供的信息，可以更好地实现技术的规划和规整，甚至利用高效合理的数学算法，直接为技术的创新和新应用的产生提供预测和数据支撑。大数据可以综合实时的、历史的及预测可行的数据进行技术统筹和创新领域分析，为技术人才和行业领导者提供前所未有的通盘一条龙信息咨询和服务，更确切地讲，是为技术人才和管理层提供经过大数据思维处理的、具有行业参考价值和前瞻预测性的综合的数据信息财富。经过大数据思维统筹处理的数据信息基本是整个行业的一个小型模拟和模型化，其带来的不仅是数字和图像信息，更多的是新的灵感和新的思维，而这些都是企业技术创新和应用突破的重要环节，这也是大数据时代最为振奋人心的地方。

大数据所带来的社会价值远远不止于此，因为一个时代的成熟至少需要 50 年的时间，正如 20 世纪后半叶的电力革命远远不是仅仅提供照明一样，今天的大数据的社会价值也只显露出了冰山一角，其全面的社会价值必将走向社会发展的各个层面，我们将拭目以待。

习　　题

1-1　简单综述人类信息文明的发展过程并展望未来的发展方向。

1-2　大数据的技术特点和技术优势在哪里？

1-3　简单描述大数据的主要特征。

1-4 结合实际谈谈大数据的社会价值。

本章参考文献

[1] 陈坚林. 大数据时代的慕课与外语教学研究——挑战与机遇[J]. 外语电化教学，2015（01）：3-8+16.

[2] 于志刚，李源粒. 大数据时代数据犯罪的制裁思路[J]. 中国社会科学，2014（10）：100-120+207.

[3] 刘雅辉，张铁赢，靳小龙，等. 大数据时代的个人隐私保护[J]. 计算机研究与发展，2015，52（01）：229-247.

[4] 黄欣荣. 大数据技术的伦理反思[J]. 新疆师范大学学报（哲学社会科学版），2015，36（03）：46-53+2.

[5] 官思发，朝乐门. 大数据时代信息分析的关键问题、挑战与对策[J]. 图书情报工作，2015，59（03）：12-18+34.

第2章
大数据技术基础

　　大数据行业经过最近几年跨越式的发展，产生了一批与之相关的核心行业技术，我们将其统称为"大数据技术"。这些经典的、核心的行业技术就是本书的主要内容。

　　本章主要内容如下。

　　（1）计算机操作系统。

　　（2）编程语言。

　　（3）数据库。

　　（4）算法。

　　（5）大数据系统。

　　（6）大数据应用开发流程。

2.1　计算机操作系统

　　计算机作为促进当代信息技术发展的重要工具，对社会、经济发展的影响越来越显著，越发受到人们的重视，其操作系统也越来越庞大和复杂。本章首先介绍计算机操作系统，帮助读者建立对大数据技术基础的整体印象。

2.1.1　什么是操作系统

　　操作系统（Operating System，OS）实际是一整套程序的组合体，这套程序的主要任务是管理计算机的所有活动和驱动计算机的整体硬件。计算机硬件包括输入单元（主要指键盘和鼠标等）、输出单元（显示器、音响等）、CPU 和主存储器等部分。操作系统可以统筹协调计算机硬件系统的工作，具体就是通过操作系统的工作使 CPU 可以进行逻辑与数值运算，主存储器能够加载程序与数据，硬盘可以顺利存入与读出信息，输入设备、输出设备可以根据需要实时写入、写出必要信息等。因此，操作系统实际是整个计算机硬件系统的"CEO"，担负着整个计算机硬件系统的管理、协调和运作的全部任务。

计算机能做的所有事情都是与操作系统有关的。简单举例来说，如果操作系统不支持输入/输出设备，那么，无论什么样的键盘和鼠标，都不能实现与计算机的联动。由此可见，操作系统停止运行或者损坏会造成整个计算机系统的崩溃，因此，操作系统的进程一般都被放置在内存中受到特殊保护，并且一般情况下，开机后它们一直会常驻在内存中，确保整个操作系统是正常运行无碍的。

下面来看这个神通广大的操作系统都有哪些"神通"。

1. 系统调用接口

硬件既然都是由操作系统来管理的，如果开发软件，就必须考虑如何通过操作系统来实现对硬件系统的驱动和应用。为了解决这个问题，操作系统提供了一整组的开发接口给工程师来开发软件，这套整组的开发接口就是系统调用接口（System Call Interface），程序开发者可以轻易地通过这个接口与操作系统沟通，进而更高效地利用硬件资源。

2. 程序管理

操作系统能够同时控制和分配多样的并行程序任务给 CPU，可实现对 CPU 的高效利用，进而能更高效地运行所有的并行程序。

3. 内存管理

内存是连接 CPU 和主存储设备的桥梁，同时也是并行指令进行 CPU 处理前的集体排队场所。可以毫不夸张地说，内存就相当于百米赛跑的最后列队准备阶段，因此，内存管理（Memory Management）是至关重要的。计算机系统只有具备足够的内存空间和高效合理的内存空间管理能力，才能保证程序代码和附带运行数据的程序综合体处于准备状态，随时等待 CPU 的处理。

4. 文件系统管理

文件系统管理（Filesystem Management）包括数据的输入/输出（I/O）和对不同文件格式的支持两方面的内容。不同的操作系统支持的文件格式不同。例如，Windows 98 操作系统是无法识别 NTFS 格式文件的，一般 Linux 系统可以识别 Windows 系统下的文件，而 Windows 操作系统一般不能识别 Linux 系统下的文件，如 EXT 文件。

5. 硬件装置的驱动

我们反复提到操作系统管理和运行整个计算机硬件系统，显然计算机硬件如键盘、鼠标、可挂载移动设备、音响、显示器等所有装置的驱动都是通过操作系统的核心驱动程序来完成的。为了驱动各厂家生产的不同类型的硬件设备，核心程序已经对接了相应的硬件驱动可加载模块，这也是目前我们能够自己选择硬件驱动程序版本的原因。

显然，操作系统可以被视为直接管理和控制计算机硬件设备的一组程序组合，那么，这个操作系统程序和一般的应用程序有什么区别和联系？其实，应用程序是参考操作系统提供的开发接口开发出来的软件，这些软件通过操作系统开发接口实现对计算机硬件的操作，因此，我们在下载相关的驱动程序时必须看清楚其适用的操作系统。

2.1.2　Linux 操作系统

Linux 是一个诞生于网络、成长于网络且成熟于网络的操作系统。1991 年，芬兰大学生 Linus Torvalds 萌发了开发一个自由的 UNIX 操作系统的想法，就编写了 Linux 操作系统。Linux 诞生后就被其创始人通过 Internet 发布到了网络上。随后，一大批知名的、不知名的计算机黑客、编程人员都加入到对其的开发和完善过程中，Linux 也逐渐成长壮大起来。到目前为止，Linux 系统基本经历了 3 个发展阶段。

1. 单一个人维护阶段

在这个阶段，Torvalds 只是把 Linux 核心放在 FTP 上，用户可以下载安装后应用；用户发现问题后就反馈给 Torvalds 并且由他来完善和修改 Linux，这样，实际的 Linux 核心是通过 Torvalds 个人来实现维护的。在初期，Torvalds 很快就解决了那些自己能解决的问题，然后便更新核心版本。

2. 广大黑客志愿者加入阶段

显然 Torvalds 一个人的力量终究是有限的，再加上各种新硬件设备的不断加入，就需要各种对应的系统驱动程序来支撑，这个时候 Torvalds 很好地借助了网络上的黑客志愿者自愿免费提供的相应的核心改进资源，经过自己测试后再统一发布到网络上供人们下载使用，并不断改进。这样就大大提高了 Linux 核心的更新速度，同时使 Linux 开始走上了开源、用户共同出力维护提升的发展之路。

3. Linux 核心的细分工、快速发展阶段

随着 Linux 核心越来越多功能的加入，靠网络黑客志愿者补足然后 Torvalds 一个人

进行测试并加入共享的模式很难再维持，这个时候 Alan Cox、Stephen Tweedie 等人加入了 Torvalds 的前置测试工作，测试后 Torvalds 统一把测试通过的原始代码加入 Linux 核心。因此，Linux 就形成了 3 级分层的发展状态：首先由广大的网络黑客志愿者提供多种多样的新核心需求代码，然后由 Torvalds 的几个主要助手（都是未曾谋面的网络志愿者）负责测试和给出评测结果，最后由 Torvalds 统筹加入 Linux 的核心。这样的分层管理大大加快了 Linux 的成熟与传播，最终这个素未谋面的网络虚拟团队在 1994 年完成了 Linux 核心正式版 Version 1.0，而后 Linux 迅速发展，现在已经有了很多成熟稳定的核心版本。

Linux 的核心版本编号如图 2-1 所示，自 3.0 以后的版本都遵循统一的编码标准，并且基本上后续的版本都是在前序版本的基础上经过完善后再开发出来的。

图 2-1　Linux 核心版本编号注解

Linux 的核心版本是 Linux Kernel 的版本，此外还有 Linux Distribution，两者的关系如图 2-2 所示。Linux Distribution 是专门为使用者量身打造的 Linux Kernel + Software + Tools 的可安全安装程序的综合发布版本，可帮助日常使用者在 Linux 系统下完成工作和其他相关任务。

图 2-2　Linux Kernel 与 Linux Distribution

目前 Linux Distribution 主要分为两大系统：一种是使用 RPM（Red-Hat Package Manager）方式安装软件的系统，主要包括 RHEL、SuSE、Fedora 等；另一种是使用 Debian 的 DPKG 方式安装软件的系统，包括 Ubuntu、Debian、B2D 等。具体的主要版本如表 2-1 所示。

表 2-1   Linux Distribution 主要版本

机构	RPM 软件管理	DPKG 软件管理	其他未分类
商业公司	RHEL（Red Hat） SuSE（Micro Focus）	Ubuntu（Canonical）	
社区单位	Fedora CentOS OpenSuSE	Debian B2D	Gentoo

目前 Linux 的主要应用场景如下。

（1）企业环境的应用，主要包括网络服务器（目前最热门的应用）、关键任务的应用（金融数据库、大型企业网管环境）、学术机构的高效能运算任务等。

（2）个人环境的使用，主要包括桌面计算机系统（实现和 Windows 系统一样的桌面操作系统）、手持系统（PDA、手机端系统如 Android）、嵌入式系统（包括路由器、防火墙、IP 分享器、交换机等）。

（3）云端的运用，主要包括云程序（云端虚拟机资源）、云端设备等。

2.2　编　程　语　言

语言可以使人们以更加规范、方便和快捷的方式进行交流。自然语言的作用显然是使人们更加高效地交流不同的思想和文化，编程语言则是为了实现人与计算机之间的交流而设计的语言。随着计算机技术的不断发展和完善，编程语言已经得到了长足的发展，并被广泛地应用于实际，已经成为人们与计算机进行深入"交流"的必需工具。

2.2.1　编程语言的发展与种类

在过去短短半个多世纪里，人们开发的编程语言有 2500 多种，但是绝大部分语言之间是相互借鉴和基本并行同步发展的，所以各种编程语言之间的关系也是错综复杂的。

最早在 1614 年，苏格兰人 John Napier 首先提出了用机器进行数学计算的理论。既然有机器计算，必然也要有对应的机器语言（编程语言的先导），但是在此后 300 多年的人类技术发展中，人们并没有发明出任何可直接用于计算的人工机器。既然机器硬件都没有制造出来，自然编程语言也就只处于模糊状态。1614—1945 年这个时间段也被称为编程语言的远古时代。

　　随着电气革命的深入，人们终于在 20 世纪 40 年代制造出了可以用于实际计算的晶体管计算机。这时候的计算机体积相当大，同时能耗巨大。伴随着晶体管计算机的诞生，人们也编写了第一种真正意义上的编程语言，这就是机器语言。对普通人来说，机器语言基本就是"天书"，因为它完全是用 0 和 1 的机器代码来写成的，然后被光电阅读机记录在穿孔卡片上，作为晶体管计算机的读入/读出数据，如图 2-3 所示。

图 2-3　记录在穿孔卡片上的机器语言

　　机器语言太难理解和书写，且极易出错，汇编语言（Assembly Language）就应运而生。实际上汇编语言是使用助记符（Mnemonics）来代替机器指令的操作码（0 和 1 的指令集），用标号（Label）和地址符号（Symbol）分别来代替机器指令或者操作数值的存储地址，其大体的工作原理如图 2-4 所示。机器语言和汇编语言统称为低级语言（1946—1953 年）。

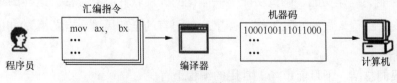

图 2-4　汇编语言大体的工作原理

　　与机器语言相比，汇编语言确实有了很大的进步，但是人们希望让编程语言与自然语言无缝对接，于是编程语言进入了高级语言（High-Level Programming Language）时代（1954 年至今）。相对于机器语言的机器码（Machine Code），高级语言基本以人们的日常语言为基础，以人们易于接受的文字构成高级语言的基本词汇。由于早期的计算机技术主要由美国主导，因此高级语言基本都是以英语为蓝本的。因为英语是国际语言且简单易懂，程序基本上都是用英文实现的，所以想成为合格的编程人员，英语基础是必不可少的。接下来我们就大体看看整个高级语言的发展历程。

1954 年，John Backus 在纽约正式发布人类第一个高级编程语言 FORTRAN（FORmula TRANslator 的几个字母的缩写拼合）Ⅰ，从字面翻译（公式翻译语言）就知道其主要是用来做数学数值计算尤其是科学计算的。FORTRAN Ⅰ 的功能简单，但它的开创性工作在社会上引起了极大的反响。1957 年，第一个 FORTRAN 编译器在 IBM 704 计算机上实现，并首次成功运行了 FORTRAN 程序。随后在 1960 年出现了第一个结构化语言 Algol（Algorithmic Language），它是算法语言的鼻祖，目的在于纯粹面向描述计算过程，其语法也是用严格的公式化的方法说明的。同时，值得一提的是，Algol 60 是程序设计语言发展史上的一个里程碑，它标志着程序设计语言成为一门独立的学科。1964 年，美国达特茅斯学院的 J.Kemeny 和 T.Kurtz 开发了 BASIC（Beginners All Purpose Symbolic Introduction Code），该语言只有 26 个变量、17 条语句，是初学编程人员的福音。

后来，编程语言发展到了使用编译器的阶段，出现了我们都熟知的 C 语言（Compiler language）。这种语言的核心在于编译器，而编译器的作用就是把某种语言写的代码转变为机器语言，从而让计算机识别并运行。

高级语言经过编译器时代的发展，过渡到面向对象时代（1995 年开始），编程人员终于可以针对特殊的对象进行一对一的编程处理。业内称这种方法为面向对象程序设计（Object-Oriented Programming，OOP）。随着面向对象程序设计语言的不断成熟，IDE（Integrated Develop Environment）作为提供程序开发环境的应用程序开始得到发展。IDE 一般包括代码编辑器、编译器、调试器和图形用户界面工具，也就是集成了代码编写功能、分析功能、编译功能、调试功能等一体化的开发软件服务套件。这样的集成开发环境大大方便了编程人员的开发工作。随着 Java 语言的全球风靡，与之相关的 IDE 也不断地发展起来。

下面我们总结一下目前市场上常用的编程语言。

（1）Java 的使用者最多。Java 霸占了企业级的应用市场，以及一部分移动开发（Java ME）和 Web 开发市场。整体而言，Java 是目前全球程序员使用人数最多的语言。

（2）C 和 C++在嵌入式开发方面的地位不可动摇。C 和 C++是嵌入式开发和系统软件开发的利器，操作系统、驱动程序、各种游戏都是利用它们开发的。

（3）C#迅速崛起。C#主要用来开发 Web、桌面、控制台等程序，和 Java 功能类似。

（4）其他程序如 Ruby、JSP、JavaScript、PHP 等也占据了一定的市场。

（5）未来的编程语言是动态语言如 Python 的天下，我们将在下一节具体介绍。

2.2.2　Python 语言

Python 语言诞生于 1991 年（比 Java 还早，最早发行于 1994 年），并且一直是比较流行的十大计算机语言之一。Python 可以应用在命令行窗口、图形用户界面（包括 Web）、客户端和服务器端 Web、大型网站后端、云服务（第三方管理服务器）、移动设备、嵌入式设备等许多的计算环境下。从一次性的脚本到几十万行的系统，Python 都可以进行游刃有余的开发。

Python 语言作为目前极为流行的一门编程语言，自然有它不可替代的优势。下面我们就把它与其他的几个一样为大部分编程人员熟悉和使用的编程语言做一个简单的对比，然后说明 Python 语言自身的优点和在实际应用方面的便捷性。

首先介绍命令行终端窗口。命令行终端窗口就是我们所熟知的 shell 程序，它是操作系统内置的可直接由系统核心提供命令运行并显示结果的编程语言。Windows 下的 shell 即是我们称为 CMD 的命令行终端。Linux 和其他的 UNIX 操作系统（包括 macOS X 等）有很多的 shell 程序，其中，最为人们所熟知的便是 bash（或其简写 sh）程序语言。shell 一般是程序人员接触的第一种程序语言，其百行之后的扩展性很差，同时运行速度一般，如下就是一段 shell 程序。

```
#!/bin/sh
language=0
echo "Language $language: This is my first shell program."
```

如果我们把这段代码保存为 shell.sh 的文件，并通过其所在的路径执行 sh shell.sh 的 shell 命令，就会看到如下输出。

```
Language 0: This is my first shell program.
```

然后，我们再来看看 C 和 C++。它们都是底层语言，应用在十分重视程序运行效率和做硬件嵌入式开发的场景时具有很好的效果，但是人们很难学习，并且有许多细微的地方需要做缜密的处理，稍微不小心就会发生程序全盘崩溃的情况。如下是一段 C 程序。

```c
#include <stdio.h>
int main(int argc, char *argv[]) {
    int language = 1;
    printf("Language %d: This my first C program! \n", language);
    return 0;
}
```

C++是 C 语言发展而来的，因此与 C 十分类似，如下是一段 C++程序。

```cpp
#include <iostream>
Using namespace std;
int main(){
    int language = 2;
    cout << "language" << language << \
        ": This is my first C++ program! "<< \
        endl;
    return(0);
}
```

Java 语言虽然解决了很多 C 和 C++的问题，但是代码实在繁杂，让人无所适从。下面为一段 Java 代码。

```java
public class Overlord{
    public static void main (String[] args){
        int language = 3;
        System.out.format("Language %d: This is my first Java program!\n",
language);
    }
}
```

上面的这些程序令人印象深刻的就是有各种小括号、中括号和大括号，以及各种抬头和声明，基本类似于古文的"之乎者也"。这些语言都被称为静态语言，而静态语言必须告诉计算机许多底层细节。下边我们就看看何为静态语言。

静态语言之所以为静态，是因为其中的变量类型是整个程序流程都不能改变的，也就是整数就是整数（int），字符串就是字符串（string）。因此，静态语言要求编程人员去声明每个变量的类型及其内存使用额度、使用方法，当然这样的好处就是计算机很容易把程序编译为更底层的机器代码，可以十分高效地管理内存和变量的应用等。但是这对编程人员来说就是巨大的麻烦，这个时候动态语言（也叫脚本语言或者伪代码）就出现了。当然，动态是相对静态来讲的。动态语言不需要进行变量的声明，例如你输入 x = 888，动态语言会自动识别 888 是一个整数，那么，变量 x 自然就被其解释为一个 int 型了。这样的一个直接结果就是动态语言省去了许多静态语言中的大、中、小括号，看上去既美观又舒服，也让编程人员之外的人第一次发现其实程序并不见得都是"天书"！

Perl 可以说是一门十分经典的动态语言，虽然其有很不错的扩展库，却不能改变其语法繁杂的现实，以下是一段 Perl 的程序。

```
my $language = 4;
print "Language $language: This is my first Perl program!\n";
```

Ruby 是一门新兴的动态语言，其参照了 Perl 的很多技术特点，并且因为 Web 开发框架 Ruby on rails 而一炮走红。以下是一段 Ruby 程序。

```
language = 5
puts "Language #{language}:This is my first ruby program."
```

PHP 主要在 Web 开发领域非常流行，因为其可以轻松地结合 HTML 和代码。下面是一段 PHP 的简单代码。

```
<?PHP
$language = 6;
echo "Language $language: This is my first Php program!\n";
?>
```

最后，我们还是回到本节的 Python 语言。请看下面的一段简单代码。

```
language = 7
print("Language %s: This is my first Python program." % language)
```

相信读者看到这里就感受到了 Python 的独特魅力，应该说 Python 语言已经跟我们的日常用语很接近、很贴合了，这也是其被称为"伪代码"的原因，虽然可能其运行效率低，计算能耗大，但是它确实是编程人员莫大的福音。

显然 Python 是高级的动态语言，同时程序的代码可读性很强，方便编程人员移植和修改。事实上，Python 的程序包可以说是目前所有编程语言中最为强大和更新速度最快的。从语言本身角度来说，Python 编写简单，应用广泛，是初学编程人员的最佳选择之一。

2.3　数　据　库

数据库技术是信息技术的核心技术。显然大数据时代仍然要依赖数据库技术提供可靠、安全、高效的数据存储和查询服务，这样才能支持整个大数据行业的可持续发展。

2.3.1 SQL 数据库的发展与成熟

1970 年，IBM 公司的研究员 E.F.Codd 博士提出的关系模型的概念奠定了整个关系模型的理论基础。随后 Codd 又陆续发表了多篇文章，论述了范式理论关系的多条实行标准，用数据理论奠定了关系型数据库的基础。因为 Codd 提出的关系模型过于理想，一直被业界质疑。美国计算机协会（Association for Computing Machinery，ACM）还在 1974 年专门组织了相关研讨会，会上以 Codd 和 Bachman 为首的支持派和反对派之间进行了著名的辩论，而这次辩论也确定了关系型数据库的发展，并形成了如今庞大的关系型数据库产品与广泛的商业应用。

1970 年，关系模型理论建立后，IBM 公司在 San Jose 实验室投入了大量的人力、物力研究相关的可实施的关系型数据库。这就是著名的 System R 数据库项目，其初始目的在于论证关系型数据库的可行性。该项目于 1979 年完成了第一个真正意义上的 SQL 数据库。与此同时，加州大学伯克利分校的 Michael Stonebraker 和 Eugene Wong 开始利用 System R 已经发布的消息研发自己的关系型数据库系统 Ingres。System R 和 Ingres 双双获得了 ACM 1988 年的"软件系统奖"。直到 1976 年，Honeywell（霍尼韦尔）公司才推出了第一个商用关系型数据库系统（Multics Relational Data Store）。时至今日，关系型数据库技术已经越来越成熟和完善，其代表产品有 Oracle 公司的 MySQL 和 Oracle、IBM 公司的 DB2、Microsoft 公司的 SQL Server 及 Informix 等。

要了解关系型数据库的发展史，就必须明白其核心——结构化查询语言（SQL）。IBM 公司的 Ray Boyce 和 Don Chamberlin 把由 Codd 提出的关系型数据库的 12 条标准的数学定义规范以简单的关键字语法摘取出来，里程碑式地创造出了 SQL（Structured Query Language）数据库查询语言。SQL 涵盖数据的查询、操作、定义和控制，是一个综合的、通用的且简单易懂的数据库综合管理语言，同时又是一种高度非过程化的语言。借助 SQL，数据库管理者只需要指出做什么而不需要指出怎么做，即可完成对数据库的管理。因为借助 SQL 可以实现对数据库的全生命周期的全部操作，所以 SQL 自产生之日起就成了检验关系型数据库管理能力的试金石，并且 SQL 标准的每一次变更和完善都指导着关系型数据库产品的发展方向。

SQL 最早在 1986 年由 ANSI（American National Standards Institution）认定为关系型数据库语言的美国标准，同年即公布了标准的 SQL 文本。时至今日，ANSI 已经公布了有关 SQL 的 3 个版本。基本的一个标准版本是 ANSIX3135-89（DataBase Language-SQL with Integrity Enhancement[ANS89]），一般被行业叫作 SQL-89，其主要定义了 SQL 的模式、数据操作和事务处理。SQL-89 与之后的 ANSIX3168-1989（DataBase Language-Embedded SQL）一起构成了第一代的 SQL 标准。随后到 1992 年又有 ANSIX3135-1992[ANS92]标准问世，其描述了一种增强功能的 SQL 标准，现在被业界称为 SQL-92 标准。SQL-92 主要包括模式操作、动态创建和 SQL 动态执行、网络环境支持等增强特性。在完成 SQL-92 标准后，ANSI 与 ISO（International Standardization Organization）展开了有序的合作并推出了 SQL3 的世界标准，其主要加强了对抽象数据类型的支持，为新一代对象关系型数据库提供了相应的语言标准。

　　SQL 数据库技术发展到今天已经十分成熟，可供人们选择的不同层次的 SQL 数据库产品也越来越多，这其中包括四大商业应用数据库，即 DB2、Oracle、Sybase 和 SQL Server。DB2 数据库为企业级别应用的标杆，通过了 ISO 标准认证，性能较适合于数据仓库和在线事务处理，其操作简单，同时提供 GUI（Graphical User Interface）和命令行进行 SQL 数据库管理；Oracle 数据库支持大多数工业标准且完全开放，也已经通过 ISO 标准体系认证，其性能良好，得到了行业内普遍的认可，也提供 GUI 和命令行两种管理模式，只是其操作相对复杂；Sybase 支持所有主流平台，也通过了 ISO 的认证，但是一般认为其在 UNIX 平台下并发性运作更为流畅，同时也提供 GUI 和命令行管理模式；SQL Server 只能应用于 Windows 系统平台，无任何开放性，也没有通过任何认证，但是其操作简单，同时只提供 GUI 接口服务。除了四大商业用数据库系统外，目前还有 Ormix、PostgreSQL、MySQL、Access、Visual FoxPro 等众多别有特色的商业数据库供我们选择，可以说 SQL 数据库已经发展到了品类齐全、种类繁多的产品格局，既有符合商业应用标准的大型数据库系统，也有别具风格、完全开源的个人应用版本，并且随着数据库技术的不断发展，SQL 数据库技术还会不断地成熟和完善，为大数据技术的发展提供强有力的支撑。

2.3.2　NoSQL 数据库及其特点

　　虽然 SQL 数据技术越来越成熟和完善，同时针对各种市场需求的商业和开源数据库品种越来越多，但其局限性也显而易见，主要是其处理的数据被诟病只能为"规范的表格型数据"，这在面对技术和商业界出现的越来越多的复杂类型数据时就显得无能为力。尤其是随着 Web 2.0 的迅速发展，以及随着大数据时代的到来，SQL 数据库越来越力不从心。因为在大数据时代，数据的类型繁多，既包括可以对接 SQL 的结构化数据，又有更多的文本或者图片性质的非结构化数据，并且非结构化数据的占比达到了 90%以上，而这些数据都是 SQL 数据库不能处理的。同时 SQL 数据库由于具有数据模型不灵活（当然保证了其数据的安全性和商业隐私性）、水平扩展能力有限等局限性，很难满足大数据时代的数据存储需求。在大数据时代的数据应用新的需求驱动下，各种不同类型的 NoSQL 数据库不断地涌现出来，并逐渐得到了市场的青睐。

NoSQL 是一种不同于 SQL 的数据库管理系统设计方式，其采用了不同于传统关系模式的数据组织模型，这些组织模型主要包括键-值、列族、文档等非关系模型。NoSQL 数据库没有固定的表结构，也不存在链接操作，更没有严格的 ACID（Atomicity、Consistency、Isolation、Durability）属性约束，因此，NoSQL 最大的优势就是具有灵活的水平可扩展性，能够满足大数据时代海量信息的存储需求。其非关系模型的数据结构也可以支持 MapReduce 和 Spark 等大数据平台算法的编程构架和应用实践，这样既弥补了传统关系型数据库的缺点，同时又适应了大数据时代的计算特点。人们通常认为 NoSQL 数据库具有以下 3 个方面的特点。

1. 优秀的可扩展性

SQL 数据库严格遵守 ACID 设计原则，所以一般很难实现硬件存储设备的"横向扩展"（多集群机器联动服务）。当 SQL 数据库负载需求提高时，只能升级硬件进行"纵向扩展"，而纵向扩展需要投入的成本高，同时升级性能需要的周期很长，这在数据量以指数级增加的大数据时代背景下，已经越来越显得力不从心。而横向扩展只需要使用普通廉价的标准化刀片服务器，成本明显降低，升级服务几乎可以同步进行，并且其理论上的扩展能力几乎是无限的。因此，NoSQL 以其优秀的可扩展能力越来越受到大数据时代的重视和青睐。

2. 方便多用的数据类型承载能力

相对于 SQL 数据库只能处理"表数据"，即严格结构化的数据类型，NoSQL 数据库在设计之初就放弃了传统数据库的关系数据模型，旨在满足大数据的处理需求，采用诸如键-值、列族、文件集等多样的新型数据模型，并且对图形数据的兼容性也日渐提升。

3. NoSQL 数据服务与云计算可以紧密融合

云计算和云服务是当今时代的信息服务高地，其很多特点，如水平扩展、多用户并行处理、远程登录操控等，都可以与 NoSQL 数据库实现无缝对接，使 NoSQL 数据库在大数据时代更加如鱼得水。

2.3.3　NoSQL 数据库的分类

近年来，NoSQL 数据库技术发展势头迅猛，虽然其种类繁多，但是归结起来，典型的 NoSQL 数据库通常包括键-值数据库、列族数据库、文档数据库和图形数据库 4 种（见图 2-5 和图 2-6）。

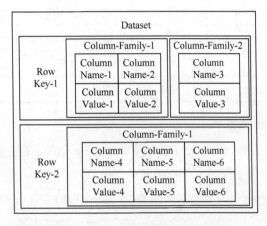

（a）键-值数据库　　　　　　　　　（b）列族数据库

图 2-5　键-值数据库和列族数据库

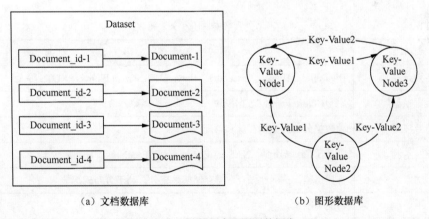

（a）文档数据库　　　　　　　　　（b）图形数据库

图 2-6　文档数据库和图形数据库

1.　键-值数据库

正如图 2-5（a）显示的图例一样，键-值数据库（Key-Value DataBase）主要包括负责索引的 Key 和对应的存储实质内容的 Value 两个部分，其具有理论上无限的横向扩展性，但是其牺牲的是 SQL 数据库中的条件查询功能，只能针对具体的 Key 进行单一查询。

表 2-2 详细描述了键-值数据库的相关特征。

表 2-2   键-值数据库的相关特征

键-值数据库细节	相 关 说 明
行业产品	Redis、Riak、SimpleDB、Chordliss、Scalaris、Memcached
数据模型	Key-Value 数据对
行业应用	内存缓冲,诸如会话、配置文件、参数、购物车等
商业实例	百度云(Redis)、Twitter(Redis and Memcached)、YouTube(Memcached)等
优点	横向扩展优秀,存取针对性好,利于大批量并行处理
不足	条件化查询基本不能满足

2. 列族数据库

列族数据库(Column-Family DataBase)从行的性质上看与键-值数据库类似,只是列族数据库每个行键索引指向的是一个列族,而每行的列族数量可以由数据库管理者自己制定和规划,这样相对键-值数据库每个行键只能针对一个数据属性的不足得到了大大的改善。同时,列族数据库支持不同类型的数据访问模式,同一个列族可以被同时一起放入计算机内存之中,这样虽然消耗了内存存储,却带来了更好的数据响应性能。表 2-3 具体描述了列族数据库的相关特征。

表 2-3   列族数据库的相关特征

列族数据库细节	相 关 说 明
行业产品	BigTable、HBase、Cassandra、HadoopDB、GreenPlum、PNUTS 等
数据模型	Key-Colum Family 数据模块
行业应用	大数据分布式数据存储和管理
商业实例	Ebay(Cassandra)、NASA(Cassandra)、Facebook(HBase)等
优点	查找迅速,扩展性强且数据存储属性充分,利于分布式部署
不足	功能一般

3. 文档数据库

如图 2-6(a)所示,文档数据库(Document DataBase)的数据模式实际是一个键-值对应一个文档,而文档是数据库的最小单位。虽然每一种文档数据库的部署都有所不同,但是基本都是文档以某种标准化格式封装并对数据进行加密,然后运用 XML、YAML、JSON、BSON 等多种格式进行数据解码,或者也可以使用 PDF、Office 等二进制形式文档。表 2-4 具体描述了其相关特征。

表 2-4　　　　　　　　　　　　　文档数据库的相关特征

文档数据库细节	相 关 说 明
行业产品	CouchDB、MongoDB、Terrastore、ThruDB、RavenDB、SISODB、RaptorDB、CloudKit、Perservere、Jackrabbit 等
数据模型	Key-Document 数据模块
行业应用	存储、应用、管理面向文档的数据或者类似于文档的半结构化、非结构化文档数据
商业实例	百度云数据库（MongoDB）、NBC News（RabenDB）等
优点	方便处理非结构化文档数据，兼容扩展性良好
不足	查询困难

4. 图形数据库

图形数据库（Graph DataBase）以图形为数据库基础，每一个图形代表一个数据库节点。同时，其组织模式以图论为基础，将一个图简化为一个数学概念，其表示了一个对象集合，而不同图形对象直接的关系则用关系键-值对来标明。图形数据库的数据模型设计理念以图形为主题，可以高效地存储不同图形节点之间的关系，专门用于处理具有高度相互关联关系的数据，并使其以图形节点形式展现，十分适用于社交网络、模式识别、依赖分析、推荐系统及路径寻找等应用场景。表 2-5 具体描述了图形数据库的相关特征。

表 2-5　　　　　　　　　　　　　图形数据库的相关特征

图形数据库细节	相 关 说 明
行业产品	Neo4J、OrientDB、InfoGrid、InfiniteGraph、GraphDB 等
数据模型	Graph Node-relation 数据模块
行业应用	社交网络、推荐系统等相互关联度大的行业
商业实例	Adobe（Neo4J）、Cisco（Neo4J）、T-Mobile（Neo4J）等
优点	清晰、高效地展示具体实体事务间的相互关系和联络情况
不足	图形数据占用大量存储空间

综上所述，NoSQL 数据库设计的初衷就是为了满足互联网时代的数据存储的高扩展性和灵活性，然后才发展起来的。但是，这样的成果是以牺牲 SQL 数据库的高度结构化特性及数据的 ACID 4 个特性而得来的，这样当然会使 NoSQL 数据库出现数

据的精确查询出现困难及对数据进行有效可控管理的困难，而这些又是数据应用环节所必需的。

2.3.4 NewSQL 数据库

近年来，人们越来越意识到 NoSQL 数据库的技术不足，尤其难以满足海量数据查询和数据挖掘方面的需求，于是 NewSQL 数据库的概念开始逐步升温。NewSQL 综合了 NoSQL 和 SQL 数据库的技术优势，它既能像 NoSQL 数据库一样具有对海量数据足够优秀的扩展和并发处理能力，同时也具备 SQL 数据库对 ACID 和结构化快速高效查询的特点。

目前市场上具有代表性的 NewSQL 数据库主要包括 Spanner、Clustrix、GenieDB、ScalArc、Schooner、VoltDB、RethinkDB、Akiban、CodeFutures、ScaleBase、Translattice、NimbusDB、Drizzle、Tokutek、JustOneDB 等。但是，在严格意义上符合 NewSQL 数据库全部标准的理想 NewSQL 数据库或者标准的 NewSQL 数据库目前还没有出现。

2.4 算　　法

算法（Algorithm）是数学处理的灵魂和核心，也是实现现实事务数学化、公式化和逻辑化处理的桥梁，可以说算法是信息时代连通现实社会和虚拟世界的立交桥。本节我们重点关注传统算法和大数据时代算法的区别。

2.4.1 什么是算法

算法是解决方案的准确而完整的描述，实质是一系列解决问题的高度符合逻辑性和可执行性的指令集合，其代表着用系统的方法描述解决问题的策略与机制。其具体包括把符合算法要求的数据按照一定的数据结构方式进行准备、完整输入并存储，经过综合算法指令的步步实现后，在确认每个步骤合理完成后进行最后的结果输出和展现。只要算法结果是正常输出的，判断算法好坏的最重要指标就是结果的优劣了，然后就是算法的可行性、执行效率和对计算机的硬件要求。算法的可行性主要指算法指令集的运行流畅性和对数据集的包容性；执行效率最主要的是程序的执行速度和纠错能力；而对计算机硬件的要求则主要考虑经济性和现实性。一个算法的评价标准主要从这 3 个方面来判定。

　　本书关注大数据，因此我们关注的算法也重点针对数据方面，即数据算法。传统的数据算法和现在大数据时代的数据算法是有很大区别的，数据的数量、类型、采集方式、存储方式、应用场景等各个方面都出现了很大的变化。随着时代的发展，数据算法的目的和方式都在深刻地变化着。

　　如图 2-7 所示，我们把传统的数据算法叫作数据分析，数据分析的目的在于对已有的数据进行描述性分析，重点在于发现数据隐含的规律，进行商业分析和处理；我们把大数据时代的数据算法称为数据科学，可将其应用于数据未来预测。表 2-6 具体说明了两者的区别。

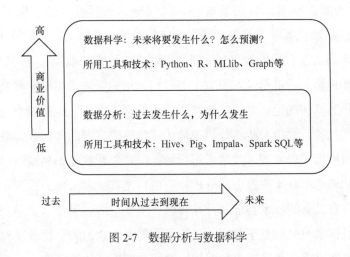

图 2-7　数据分析与数据科学

表 2-6　　　　　　　　　　传统的数据算法与大数据时代的数据算法的区别

项　　目	数据分析（传统的数据算法）	数据科学（大数据时代的数据算法）
算法目的	对历史数据的总结分析	对未来趋势的预估和预判
实质工作	数据分析和数据优化	数据发现、挖掘、规整和可视化
实现结果	分析报表和数据仪表盘	数据产品
典型工具	Hive、Impala、Spark SQL、HBase 等	MLlib、Mahout 等
典型技术	ETL 和多元统计分析	预测分析
技术需求	数据工程师、SQL 工程师、数据编程	统计分析、机器学习、数据编程

　　显然传统的数据算法主要是对过去的数据的总结和分析（我们统称为数据分析算法），而常用的数据分析算法主要指一元和多元数据分析。一元数据分析包括分

析一维数据的均值、方差、概率分布、分布检验等各方面的数据参数特性；而多元数据分析只是对多维数据进行线性回归分析、逻辑回归分析、聚类分析、主因子分析、典型相关分析、歧视分析等。我们将在后续章节详细介绍这些具体的数据分析方法。

2.4.2　大数据时代的算法

如前所述，大数据时代的算法被称为数据科学，而传统的数据算法被称为数据分析，本节将笼统介绍数据科学相关的算法和理论基础。

数据科学在于深入挖掘隐藏在数据深层次的信息，并以此为基础创造数据产品，提供商业预测和推断。显然，目前最成熟、最流行的数据科学的数据算法是机器学习（Machine Learning）。机器学习是在不设定任何前提规则的情况下由计算机完成学习，进而进行相应的判断工作。抽象地讲，机器学习就是让计算机模拟人类的思维学习方式，对海量的数据和逻辑关系进行学习研究，通过计算机的算法给出结论和判断。

机器学习作为算法理论，是一门涉及多领域的交叉学科，包括概率论、数理统计、神经网络、线性代数、数值分析、计算机算法实现等多方面的知识。其最终目的在于研究如何用计算机模拟或者实现人类的学习行为，以获取新的知识和技能，并使用学习得来的"智慧"和理论指导实现数据的分析和应用，尤其是对未来的预测和判断。

机器学习具有显著的技术特征和计算特色，主要包括如下技术优势。

（1）由于机器学习全部基于数据，排除了人类主观意识的干扰和经验主义，其学习或者预测结果更加可信，并且随着数据量的增加具有更高的精确性。

（2）机器学习可以由计算机实现自动的数据预测和一系列的数据推荐产品级应用。

（3）机器学习算法理论上可以在毫秒级别实现并给出学习结果，这就允许我们进行事务的实时分析、处理和运用，相比人类管理的层层审批制效率提高很多。

（4）机器学习算法扩展性良好，理论上可以处理所有可用数据。

下面我们简单总结机器学习的不足。

（1）机器学习算法需要有一些提前的预判（打标签），并且需要尽量完善、充实的数据。

（2）机器学习一般不能得到100%正确的预测结果，具有一定的风险。

表2-7详细介绍了目前较流行的机器学习算法，具体的算法内容我们会在后续的章节中详述。

表 2-7 目前较流行的机器学习算法

机器学习分类	常用算法
监督类学习	分类算法（自然贝叶斯、决策树、随机森林等）
	回归类算法（线性回归、逻辑回归、支持向量机等）
无监督学习	聚类算法（距离聚类、快速聚类等）
	抽维算法（主因子、典型相关等）
自动推荐系统	协同过滤
特征提取	特征抽取和事务转换
最优化处理	最优化算法（诸如最短距离等）

机器学习算法目前还不够成熟，依然在快速发展中。

2.5　大数据系统

2.1 节在讲述操作系统时已经整体介绍过有关系统的概念，这里不再重述，只提一点：任何时代的到来都是以相关系统的产生而正式确定的，正如工业化时代的蒸汽机动力系统、电力时代的输电网络系统及信息时代的计算机系统，而大数据时代也必然需要大数据系统的强有力支撑，这些系统的不断成熟和完善才能促进大数据时代的不断前进。而大数据系统目前最为著名和流行的便是 Hadoop 平台和 Spark 平台，下面对它们进行简单的介绍。

2.5.1　Hadoop 平台

Hadoop 平台是 Apache 基金会下的开源的、理论上可无限扩展的分布式计算平台，其设计的初始目的是让大型计算机集群对海量的数据进行常规编程，实现计算。利用 Hadoop 大数据平台，应用人员可以让少到一台、多到几千台计算机一起提供本地独立存储和运算。相对于传统单独、高效，同时也昂贵的存储和计算中心，Hadoop 平台旨在使用廉价的商用计算机集群，这样显然会有一些计算机不可靠。而 Hadoop 集群框架在设计之初即考虑到会出现这样的安全隐患，对这种安全隐患有很好的规避策略，只有在出现大规模的集群崩溃的情况下，才需要工作人员人工干涉。

1. Hadoop 平台的主要模块

（1）Hadoop Common

Hadoop Common 是平台统一的集成，用来支持其他模块的共同工作，它就好比是计算机系统的主板，用来连通其他组件。

（2）HDFS

HDFS 全称为 Hadoop Distributed File System，它是平台提供的分布式集群存储框架，支持平台对海量数据进行集群存储，并且保证数据的可靠、稳定和安全。

（3）YARN

YARN 即 Yet Another Resource Negotiator，是 Hadoop 平台的集群资源管理和工作流程控制框架。

（4）MapReduce

MapReduce 是平台 YARN 框架管理下的分布式集群高效计算框架。

2. Hadoop 平台的基本特征

后续章节将详细介绍 Hadoop 平台的主要模块，现在我们先来关注 Hadoop 平台的一些基本特征。

（1）Hadoop 平台的三大组成

① 可靠、高效的分布式大数据存储框架——HDFS。

② 用于并行集群处理的计算框架——MapReduce、Crunch、Cascading、Hive、Tez、Impala、pig、Mahout 等。

③ 平台集群资源管理器——YARN 和 Slider。

（2）Hadoop 平台在经济、商业和技术领域的适应性和优势

① 经济性。相对于传统的大型商业化解决方案，Hadoop 凭借开源的系统架构和应用商业化的硬件计算机集群，可大幅降低运算和处理成本。

② 商业性。Hadoop 集群架构和集群处理的设计理念，使大型企业尤其是 21 世纪以来飞速发展的互联网企业受益匪浅，实际上，Hadoop 平台就是在互联网企业巨头的发展过程中创造出来的。

③ 技术性。Hadoop 平台可以无缝对接大数据时代的数据，在理论上可以存储并且处理任何类型、大小、速度和精度的数据。

（3）Hadoop 平台的典型技术特点

① 商业实用性强。Hadoop 平台可以顺利安装在任何商业集群或者云服务设备上，方便实用，高效安全。

② 纠错能力强。Hadoop 平台的设计理念保证其可以把处理错误的能力安排在平台的底层软件层面，不需要任何人工寻找和纠错，极大地方便了软件开发者，提高了产品开发效率。

③ 可扩展性强。不同于传统数据处理中心需要进行定期维护和周期性大型升级作业，Hadoop 平台有着极其优秀的随时横向扩展性，使用者可以随时加入硬件设备节点，满足商业数据的存储和计算能力需求。

④ 简单实用。Hadoop 平台的扩展性、纠错功能和多维处理能力都由平台自身协调控制解决，开发人员只需要专注于自己的产品开发和算法部署，这样就能节省人力、物力，极大方便非传统编程人员应用。

Hadoop 平台起家于互联网行业，也成熟于互联网行业。随着大数据时代的到来，具备高效、安全、可靠的分布式存储和运算能力的 Hadoop 平台，必将更加深远地影响未来商业市场的需求和发展。

2.5.2　Spark 平台

Hadoop 平台在处理海量大数据方面的技术优势使其在整个大数据时代得到了飞速的发展，也得到了顶端互联网科技巨头如 Google、Facebook、百度、阿里巴巴等企业极大的青睐和商业上的成功运用。但是，Hadoop 平台下的 MR（MapReduce）分布式计算框架存在致命的缺陷，因为 MR 只能进行一次性编程计算处理，即 MR 只能从 HDFS 中一次取出所有数据进行计算，然后再存入 HDFS，所以 MR 就很难进行海量数据的迭代运算。如果有几十次的迭代过程，那么编程人员必须进行相同次数的人工编程，同时计算机集群也要进行同样次数的数据存入和提取，这样是十分低效的。为了解决 Hadoop 平台 MR 分布式计算框架的这些问题，人们开始寻找新的分布式计算框架，以保证新的技术框架可以进行很好的迭代处理，同时最好可以省去大数据平台不断读出和写入分布式数据库的集群工作量。这个时候 Spark 分布式计算平台就应运而生了，当然 Spark 平台的出现不仅是大数据分布式运算的实际技术需求，也是信息计算不断发展完善才最终实现的。图 2-8 给出了计算机运算技术的发展趋势。

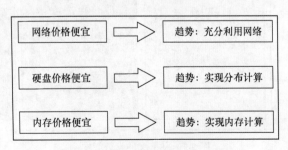

图 2-8　计算机运算技术的发展趋势

显然由图 2-8 可知，只有当高速设备的价格便宜到一定程度后才能被充分发掘和利用。由图 2-9 可知，计算机内存运算的速度和效率是比较高的。

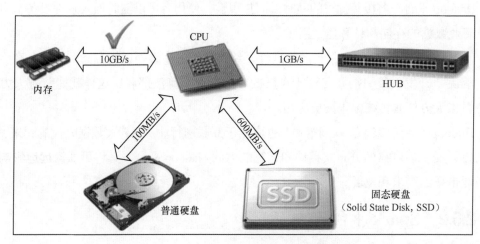

图 2-9　计算机内存运算的速度和效率对比

　　Spark 最初是 2009 年由加州大学伯克利分校的 RAD 实验室开启的研究项目，此后 RAD 实验室更名为 AMPLab，此项目组在利用开源平台 Hadoop MapReduce 分布式运算框架后意识到了其在迭代运算方面的不足，开始计划通过内存计算的方式改进 MR 的相关运算不足的缺陷，于是在 2011 年，AMPLab 发展了更高运算部分的 Shark 和 Spark Streaming，这些组件被称为 Berkeley Data Analytics Stack（BDAS）。这些都是 Spark 正式版本的主要组成部分。Spark 作为开源项目的初始版本，完成于 2010 年 3 月，此后于 2013 年 6 月转为 Apache 软件基金会旗下的顶级开源项目。由于 Hadoop 也是 Apache 软件基金会旗下的顶级大数据平台项目，这样无疑加速了 Spark 的发展，其具体发行版本如图 2-10 所示。

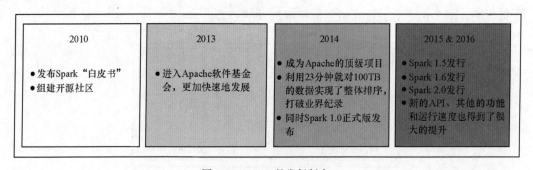

图 2-10　Spark 的发行版本

　　由此可知，Spark 是为了更好地解决 MapReduce 不能实现迭代算法而设计的大数据平台内存计算框架，这里我们先来简单对比一下两种计算框架的区别（见表 2-8），后续章节将详细说明具体细节。

表 2-8　　　　　　　　　　　　　　Spark 与 MapReduce 的区别

项　　目	MapReduce	Spark
实用性	不容易编程、不实用	有良好的 API 接口，方便对接编程，很实用
特点	初始实现分布式计算	实现分布式内存计算
迭代运算	几乎不能实现迭代运算，每次 MR 都要进行数据的重新读入和加载	可以将迭代数据集直接加载到内存处理，实现内存环境下的直接迭代运算
容错性	由 HDFS 分布式存储框架实现	内存数据集直接实现
执行模型	只能进行批处理	批处理、迭代处理、流处理均可
支持的编程语言类型	主要是 Java	Java、Scala、Python、R 等

Spark 平台的出现是为了加速分布式计算的速度和效率的，它是随着计算和设备的不断发展而应运而生的，其相对于 Hadoop 平台的 MR 有着本质的提高和优化。需要指出的是，Spark 平台是纯粹的分布式内存计算平台，并不能提供分布式的存储服务，因此其必须有 Hadoop 中 HDFS 的支撑才能进行大数据的存储和运算一体化。

2.6　大数据的数据类型

介绍完大数据平台，我们再简单介绍一下大数据的数据类型。大数据的主要数据类型包括结构化、半结构化和非结构化数据（见图 2-11），非结构化数据越来越成为数据的主要部分。IDC 的调查报告显示：企业中 80%的数据都是非结构化数据，这些数据每年约增长 60%。大数据就是互联网发展到现今阶段的一种表象或特征而已，没有必要神话它或对它保持敬畏之心，在以云计算为代表的技术创新大幕的衬托下，这些原本看起来很难收集和使用的数据开始很容易地被利用起来。在各行各业的不断创新下，大数据会逐步为人类创造更多的价值。

图 2-11　大数据的主要数据类型

2.6.1　结构化数据

简单来说，结构化数据就是传统关系型数据库数据，也称作行数据，是由二维表结构来进行逻辑表达和实现的数据，严格地遵循数据格式与长度规范，主要通过关系型数据库进行存储和管理。结构化数据标记是一种让网站以更好的姿态展示在搜索结果中的方式，搜索引擎都支持标准的结构化数据标记。结构化数据可以通过固有键值获取相应信息，并且数据的格式严格固定，如 RDBMS data。最常见的结构化就是模式化，结构化数据也就是模式化数据。大多数传统数据技术应用主要基于结构化数据，如银行业数据、保险业数据、政府企事业单位数据等。结构化数据也是传统行业依托大数据技术提高综合竞争力和创新能力的主要数据类型。

2.6.2　半结构化数据

半结构化数据和普通纯文本相比具有一定的结构性，相比于具有严格理论模型的关系型数据库的数据要更灵活。它是一种适用于数据库集成的数据模型，也就是说，适于描述包含在两个或多个数据库（这些数据库含有不同模式的相似数据）中的数据。它是一种标记服务的基础模型，用于在 Web 上共享信息。人们对半结构化数据模型感兴趣主要是因为它的灵活性。特别地，半结构化数据是"无模式"的。更准确地说，其数据是自描述的。它携带了关于其模式的信息，并且这样的模式可以随时间在单一数据库内任意改变。这种灵活性可能使查询处理更加困难，但它给用户提供了显著的优势。例如，用户可以在半结构化模型中维护一个电影数据库，并且能如愿地添加类似"我喜欢看此部电影吗"这样的新属性。这些属性不需要所有电影都有值，或者甚至不需要多于一个电影有值。同样地，可以添加类似"homage to"这样的联系而不需要改变模式，或者甚至表示不止一对的电影间的联系。因为我们要了解数据的细节，所以不能将数据简单地组织成一个文件再按照非结构化数据处理；由于结构变化很大，因此也不能简单地建立一个表和它对应。半结构化数据可以通过灵活的键值调整来获取相应信息，且数据的格式不固定，如 JSON，同一键值下存储的信息可能是数值型的，也可能是文本型的，还可能是字典的或者列表的。

半结构化的数据是有结构的，但不便于模式化，有可能因为描述不标准，也有可能因为描述有伸缩性。XML 和 JSON 表示的数据就有半模式化的特点。在半结构化数据中，结构模式附着或相融于数据本身，数据本身就描述了其相应的结构模式。半结构化数据的结构模式具有下述特征。

① 数据结构自描述性。结构与数据相交融，在研究和应用中不需要区分"元数据"和"一般数据"（两者合而为一）。

② 数据结构描述的复杂性。结构难以纳入现有的各种描述框架，在实际应用中不易进行清晰的理解与把握。

③ 数据结构描述的动态性。数据变化通常会导致结构模式变化，整体上具有动态的结构模式。

常规的数据模型如 E-R 模型、关系模型和对象模型的特点恰恰与上述特征相反，因为这些常规数据模型是结构化数据模型。而相对于结构化数据，半结构化数据的构成更为复杂和不确定，从而也具有更高的灵活性，能够适应更为广泛的应用需求。其实，用半结构化的视角看待数据是非常合理的。没有模式的限定，数据可以自由地流入系统，还可以自由地更新，更便于客观地描述事物。只有在使用时模式才应该起作用，使用者若要获取数据就应当构建需要的模式来检索数据。由于不同的使用者构建不同的模式，数据将被最大化利用。这才是使用数据的最自然的方式。

2.6.3　非结构化数据

非结构化数据是与结构化数据相对的，不适合用数据库二维表来表现，包括所有格式的办公文档、XML、HTML、各类报表、图片、音频、视频信息等。支持非结构化数据的数据库采用多值字段、子字段和变长字段机制进行数据项的创建和管理，被广泛应用于全文检索和各种多媒体信息处理领域。非结构化数据不可以通过键值获取相应信息。非结构化数据一般指无法结构化的数据，如图片、文件、超媒体等典型信息，在互联网上的信息内容形式中占据了很大比例。随着"互联网+"战略的实施，越来越多的非结构化数据将不断产生。据预测，非结构化数据将占所有数据的 70%～80%，甚至更高。经过多年的发展，结构化数据分析和挖掘技术已经形成了相对比较成熟的技术体系。也正是由于非结构化数据中没有限定结构形式，所以其表示灵活，蕴含了丰富的信息。因此，综合来看，在大数据分析和挖掘中，掌握非结构化数据处理技术是至关重要的。目前，其问题在于语言表达的灵活性和多样性，具体的非结构化数据处理技术包括：①Web页面信息内容提取；②结构化处理（包含文本的词汇切分、词性分析、歧义处理等）；③语义处理（包含实体提取、词汇相关度分析、句子相关度分析、篇章相关度分析、句法分析等）；④文本建模（包含向量空间模型、主题模型等）；⑤隐私保护（包含社交网络的连接型数据处理、位置轨迹型数据处理等）。这些技术所涉及的范围较广，在情感分类、客户语音挖掘、法律文书分析等许多领域被广泛地应用。

2.7　大数据应用的开发流程

前几节介绍了大数据的基础技术，本节主要介绍大数据应用的开发流程。典型的大数据应用开发流程如图 2-12 所示。

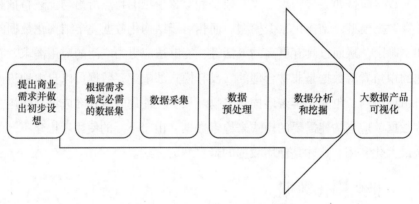

图 2-12　典型的大数据应用开发流程

1. 提出商业需求并做出初步设想

显然大数据是商业全球化和信息技术快速发展的产物。大数据计算是为商业需求服务的，因此我们首先要做的便是提出具体的商业需求和进行初步设想，然后才能开展后续的大数据处理。

2. 根据需求确定必需的数据集

大数据时代需要用海量的已有数据作为商业判断的依据，因此，数据是这个时代最大的财富，但是，所用的数据必须与我们的商业需求相关。例如，若要分析零售业销售低迷的原因，肯定不能从生产商那里得来的生产过剩数据里找到答案，显然只有正确的数据才能解决相应的问题。

3. 数据采集

确定了所需的数据后，便是想办法获得相应的数据。目前，我们可以通过已有的数据库提取、网络爬虫、系统日志采集等多种手段得到相应的数据集，且数据越多越好。

4. 数据预处理

收集到的相关数据肯定是五花八门、杂乱无章的，这就需要我们对海量的数据进行数据预处理，通过合适的预处理手段和方案对数据进行 ETL（Extraction-Transform-Load），得到相应的数据仓库和其他形式的合适的数据集合。

5. 数据分析和挖掘

我们通过大数据平台，利用相应的数据分析和数据科学算法对预处理后的数据集进行分析和挖掘，得到相应的大数据分析结果。

6. 大数据产品可视化

最后，我们对大数据分析结果进行产品可视化，以最直观的方式高效地把大数据分析的结果展现给客户和相关人员，得到相应的效果和具体应用。

2.8　数据科学算法的应用流程

前面已经提到大数据时代的数据算法是数据科学（Data Science）的算法，旨在通过海量的数据，经过科学的商业思维和新兴的大数据算法，对事物的未来发展趋势和决策做科学有效的预测和指导，进而得到科学、高效的商业决策和合适、精准的市场预测与评估，为企业的科学发展和规划提供积极有效的大数据支撑。

典型的数据科学算法应用流程如图 2-13 所示。从图中可以看出数据科学的算法应用流程和大数据应用的开发流程有很多步骤是一样的，这也是为什么说数据科学算法是大数据时代数据算法的技术支撑，下面只讨论这两者的不太相同的几个步骤。

1. 科学假设和建模

此步骤对应于大数据应用开发流程中的商业需求步骤确定的数据层面的假设和推论，是针对不同的商业需求和基本的商业判断进行的数据层面的有效假设，此步骤着手进行数据假设下的数据建模。

2. 评测有效性

针对步骤（1）中提出的数据假设和数据模型进行比对，根据数据模型的具体情况评测数据假设的有效性。这里可以通过均方差、均值、假设检验等有效数据的统计方法进行科学有效的评测。

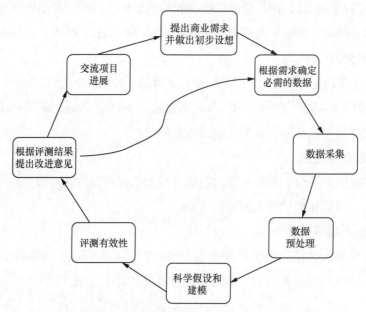

图 2-13　典型的数据科学算法应用流程

3. 根据评测结果提出改进意见

针对科学评测的数据理论假设和数据实际模型之间的差距和不足，提出相应的改进数据算法的意见。这里一般要解决的问题是是否需要增加数据量和数据维度，数据假设的思路和前提是否合适，数据建模的方法和方式是否科学有效等。

4. 交流项目进展

与相关方（项目甲方、合作方、监督方、数据提供方等）交流项目的进展是整个数据科学算法应用流程都必须随时进行的，这样可以协调各方工作，保证项目有序、科学地进行。

显然大数据开发和应用是一个综合性的学科，希望读者可以在日后的学习中提高综合素养，熟练掌握相应的技术和工具的用法，为大数据时代贡献自己的力量。

习　　　题

2-1　什么是操作系统的核心？操作系统核心的主要作用有哪些？

2-2　Linux 操作系统的优势和主要的特点有哪些？

2-3　何为静态编程语言，何为动态编程语言？两者的联系和不同有哪些？

2-4　简述传统 SQL 数据库的发展历程。

2-5　SQL 数据库的技术特点有哪些？

2-6　NoSQL 和 NewSQL 数据库的技术特色和技术特点有哪些。

2-7　简述 Hadoop 和 Spark 大数据平台的基本构架和工作原理。

2-8　简述大数据开发的一般流程。

本章参考文献

[1] 陈坚林. 大数据时代的慕课与外语教学研究——挑战与机遇[J]. 外语电化教学，2015（01）：3-8+16.

[2] 于志刚，李源粒. 大数据时代数据犯罪的制裁思路[J]. 中国社会科学，2014（10）：100-120+207.

[3] 刘雅辉，张铁赢，靳小龙，等. 大数据时代的个人隐私保护[J]. 计算机研究与发展，2015，52（01）：229-247.

[4] 黄欣荣. 大数据技术的伦理反思[J]. 新疆师范大学学报（哲学社会科学版），2015，36（03）：46-53+2.

[5] 官思发，朝乐门. 大数据时代信息分析的关键问题、挑战与对策[J]. 图书情报工作，2015，59（03）：12-18+34.

第3章
数据采集与预处理

本章首先讨论大数据三大主要来源，然后介绍常见的数据采集方法，以及数据预处理的目的和方法。

本章主要内容如下。

（1）大数据的来源。

（2）数据的采集方法。

（3）数据预处理流程。

3.1 大数据的来源

大数据的来源非常多，如信息管理系统、网络信息系统、物联网系统、科学实验系统等。

1. 信息管理系统

企业内部使用的信息管理系统，包括办公自动化系统、业务管理系统等。信息管理系统主要通过用户输入和系统二次加工的方式产生数据，其产生的数据大多数为结构化数据，通常存储在数据库中。

2. 网络信息系统

基于网络运行的信息系统即网络信息系统是大数据产生的重要方式，如电子商务系统、社交网络、社会媒体、搜索引擎等，都是常见的网络信息系统。网络信息系统产生的大数据多为半结构化或非结构化数据。在本质上，网络信息系统是信息管理系统的延伸，是专属于某个领域的应用，具备某个特定的目的。因此，网络信息系统有着更独特的应用。

3. 物联网系统

物联网是新一代信息技术，其核心和基础仍然是互联网，是在互联网基础上延伸和扩展的网络，其用户端延伸和扩展到了任何物品与物品之间，进行信息交换和通信，而其具体实现是通过传感技术获取外界的物理、化学、生物等数据信息。

4. 科学实验系统

科学实验系统主要用于科学技术研究，可以由真实的实验产生数据，也可以通过模拟方式获取仿真数据。

大数据的数据类型按来源可分为传统商业数据、互联网数据与物联网数据。

3.1.1　传统商业数据

传统商业数据是来自于企业 ERP 系统、各种 POS 终端及网上支付系统等业务系统的数据，传统商业是主要的数据来源。

世界上最大的零售商沃尔玛公司每小时收集到 2.5PB 数据，存储的数据量是美国国会图书馆的 167 倍。沃尔玛公司详细记录了消费者的购买清单、消费额、购买日期、购买当天天气和气温，通过对消费者的购物行为等结构化数据进行分析，发现商品关联，并优化商品陈列。沃尔玛公司不仅采集这些传统商业数据，还将数据采集的触角伸入社交网络。当用户在社交网络上谈论某些产品或者表达某些喜好时，这些数据都会被沃尔玛公司记录下来并加以利用。

Amazon 公司拥有全球零售业最先进的数字化仓库，通过对数据的采集、整理和分析，可以优化产品、开展精确营销和快速出货。另外，Amazon 公司的 Kindle 电子书积累了上千万本图书的数据，并完整记录着读者们对图书的标记和笔记，若加以分析，Amazon 公司能从中得知哪类读者对哪些内容感兴趣，从而给读者做出准确的图书推荐。

3.1.2　互联网数据

这里的互联网数据是指网络空间交互过程中产生的大量数据，包括通信记录及 QQ、微信、微博等社交媒体产生的数据，其数据复杂且难以被利用。例如，社交网络数据所记录的大部分数据是用户的当前状态信息，同时还记录着用户的年龄、性别、所在地、教育、职业和兴趣等。互联网数据具有大量化、多样化、快速化等特点。

1. 大量化

在信息化时代背景下，网络空间数据增长迅猛，数据集合规模已实现了从 GB 级到

PB 级的飞跃，互联网数据则需要通过 ZB 表示。在未来，互联网数据的数据量还将继续快速增长，服务器数量也将随之增加，以满足大数据存储的需要。

2. 多样化

互联网数据的类型多样化，包括结构化数据、半结构化数据和非结构化数据。互联网数据中的非结构化数据的数量正在飞速增长，据相关调查，在 2012 年底，非结构化数据在网络数据总量中占 77% 左右。非结构化数据的产生与社交网络及传感器技术的发展有着直接联系。

3. 快速化

互联网数据一般以数据流形式快速产生，且具有动态变化的特征，其时效性要求用户必须准确掌握互联网数据流，以更好地利用这些数据。

互联网是大数据信息的主要来源，能够采集什么样的信息、采集到多少信息及哪些类型的信息，直接影响着大数据应用功能最终效果的发挥。信息数据采集需要考虑采集量、采集速度、采集范围和采集类型，信息数据采集速度可以达到秒级甚至还能更快；采集范围涉及微博、论坛、博客，新闻网、电商网站、分类网站等各种网页；采集类型包括文本、数据、URL、图片、视频、音频等。

3.1.3 物联网数据

物联网指在计算机互联网的基础上，利用射频识别、传感器、红外感应器、无线数据通信等技术，构造一个覆盖世界上万事万物的 The Internet of Things，也就是"实现物物相连的互联网络"。其内涵包含两个方面：一是物联网的核心和基础仍是互联网，是在互联网基础之上延伸和扩展的一种网络；二是其用户端延伸和扩展到了任何物品与物品之间。物联网的定义：通过射频识别（Radio Frequency IDentification，RFID）装置、传感器、红外感应器、全球定位系统、激光扫描器等信息传感设备，按约定的协议，把任何物品与互联网相连接，以进行信息交换和通信，从而实现智慧化识别、定位、跟踪、监控和管理的一种网络体系。物联网数据是除了人和服务器之外，在射频识别、物品、设备、传感器等节点产生的大量数据，包括射频识别装置、音频采集器、视频采集器、传感器、全球定位设备、办公设备、家用设备和生产设备等产生的数据。物联网数据的主要特点如下。

（1）物联网中的数据量更大。物联网最主要的特征是节点的海量性，其数量规模远大于互联网；物联网节点的数据生成频率远高于互联网，如传感器节点多数处于全时工作状态，数据流是持续的。

（2）物联网中的数据传输速率更高。由于物联网与真实物理世界直接关联，很多情况下需要实时访问、控制相应的节点和设备，因此需要高传输速率来支持。

（3）物联网中的数据更加多样化。物联网涉及的应用范围广泛，包括智慧城市、智慧交通、智慧物流、智能家居、智慧医疗、安防监控等；不同领域和行业需要面对不同类型和格式的应用数据，因此，物联网中的数据具有更为突出的多样性。

（4）物联网对数据真实性的要求更高。物联网是真实物理世界与虚拟信息世界的结合，其对数据的处理及基于此进行的决策将直接影响物理世界。物联网中数据的真实性显得尤为重要。以智能安防应用为例，智能安防行业已从大面积监控布点转变为注重视频智能预警、分析和实战，利用大数据技术可从海量的视频数据中进行规律预测、情境分析、串并侦察、时空分析等。在智能安防领域，数据的产生、存储和处理是智能安防解决方案的基础，只有采集足够多的有价值的安防信息，通过大数据分析及综合研判模型，才能制定智能安防决策。

因此，在信息社会中，大多数行业的发展都离不开大数据的支持。

3.2　数据的采集方法

数据采集技术是数据科学的重要组成部分，已广泛应用于国民经济和国防建设的各个领域，并且随着科学技术的发展，尤其是计算机技术的发展和普及，数据采集技术具有更广泛的发展前景。大数据的采集技术已成为大数据处理的关键技术之一。

3.2.1　系统日志的采集方法

很多互联网企业都有自己的海量数据采集工具，多用于系统日志采集，如 Facebook 公司的 Scribe、Hadoop 平台的 Chukwa、Cloudera 公司的 Flume 等。这些工具均采用分布式架构，能满足每秒数百兆的日志数据采集和传输需求。

1. Scribe

Scribe 是 Facebook 公司开源的日志收集系统，在 Facebook 公司内部已经得到大量的应用。Scribe 可以从各种日志源上收集日志，存储到一个中央存储系统［其可以是网络文件系统（Network File System，NFS）、分布式文件系统等］，以便于进行集中的统计分析处理。Scribe 为日志的"分布式收集，统一处理"提供了一个可扩展的、高容错的方案。Scribe 架构如图 3-1 所示。

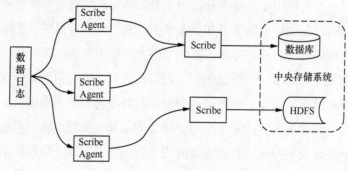

图 3-1　Scribe 架构

（1）Scribe Agent

Scribe Agent 实际上是一个 Thrift Client，也是向 Scribe 发送数据的唯一方法。Scribe 内部定义了一个 Thrift 接口，用户使用该接口将数据发送给不同的对象。Scribe Agent 发送的每条数据记录包含一个种类（Category）和一个信息（Massage）。

（2）Scribe

Scribe 接收 Thrift Agent 发送的数据，它从各种数据源上收集数据，放到一个共享队列上，然后推送到后端的中央存储系统上。当中央存储系统出现故障时，Scribe 可以暂时把日志写到本地文件中，待中央存储系统恢复性能后，Scribe 再把本地日志续传到中央存储系统上。Scribe 在处理数据时根据 Category 将不同主题的数据存储到不同目录中，以便于分别进行处理。

（3）中央存储系统

存储系统实际上就是 Scribe 中的 store，当前 Scribe 支持非常多的 store 类型，包括文件、Buffer 或数据库。

2. Chukwa

Chukwa 提供了一种对大数据量日志类数据的采集、存储、分析和展示的全套解决方案和框架。在数据生命周期的各个阶段，Chukwa 能够提供近乎完美的解决方案。Chukwa 可以用于监控大规模（2000 个以上节点，每天产生数据量在 TB 级别）Hadoop 集群的整体运行情况并对它们的日志进行分析。

Chukwa 结构如图 3-2 所示。

（1）适配器（Chukwa Adapter）

适配器是直接采集数据的接口和工具。每种类型的数据对应一个 Adapter，目前包括的数据类型有命令行输出、log 文件和 httpSender 等。同时用户也可以自己实现一个

Adapter 来满足需求。

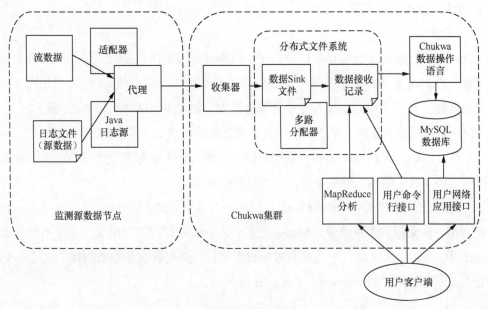

图 3-2　Chukwa 架构

（2）代理（Chukwa Agent）

Agent 给 Adapter 提供各种服务，包括启动和关闭 Adapter，将 Adapter 收集的数据通过 HTTP 传递给 Collector，并定期记录 Adapter 状态，以便 Adapter 出现故障后能迅速恢复。一个 Agent 可以管理多个 Adapter。

（3）收集器（Chukwa Collector）

它负责对多个数据源发来的数据进行合并，并定时写入集群。因为 Hadoop 集群擅长处理少量的大文件，而对大量小文件的处理则不是它的强项。针对这一点，Collector 可以将数据先进行部分合并，再写入集群，防止大量小文件的写入。

（4）多路分配器（Chukwa Demux）

它利用 MapReduce 对数据进行分类、排序和去重。

（5）存储系统

Chukwa 采用了 HDFS 作为存储系统。HDFS 的设计初衷是支持大文件存储和小并发、高速写的应用场景，而日志系统的特点恰好相反，它需要支持高并发低速率的写和大量小文件的存储，因此 Chukwa 框架使用多个部件，使 HDFS 满足日志系统的需求。

（6）数据展示

Chukwa 不是一个实时错误监控系统，它分析的数据是分钟级别的，能够展示集群中作业运行的时间、占用的 CPU 及故障节点等整个集群的性能变化，能够帮助集群管理者监控和解决问题。

3．Flume

Flume 是 Cloudera 公司提供的分布式、可靠和高可用的海量日志采集、聚合和传输的系统。Flume 支持在日志系统中定制各类数据发送方，用于收集数据；同时，Flume 能对数据进行简单处理，并写入各种数据接收方，如文本、HDFS、HBase 等。

Flume 可以被看作是一个管道式的日志数据处理系统，其中数据流由事件（Event）贯穿始终。Event 是 Flume 的基本数据单位，它包含日志数据并且携带消息头，其中日志数据由字节数组组成，这些 Event 由外部数据源生成。

Flume 运行的核心是 Agent。Flume 以 Agent 为最小的独立运行单位，一个 Agent 就是一个 JVM。在实际日志系统中，Flume 由多个 Agent 串行或并行组成，完成不同日志数据的分析。每个 Agent 是一个完整的数据收集工具，并包含 3 个核心组件（见图 3-3），一个 Agent 可以包含多个 Source、Channel 或 Sink。

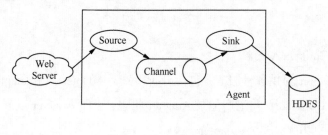

图 3-3 Flume 核心结构

（1）Source

Source 是数据的收集端，负责将数据采集后进行特殊的格式化，将数据封装到事件（Event）中，然后将事件推入 Channel 中。Flume 提供了很多内置的 Source 类型，支持 Avro、log4j、syslog、UNIX 终端输出和 http、post 等不同格式的数据源，可以让应用程序同已有的 Source 直接交互。如果内置的 Source 无法满足需求，用户可自定义 Source。

（2）Channel

Channel 是连接 Source 和 Sink 的组件，我们可以将它看作一个数据的缓冲区，它可以将事件暂存到内存中，也可以持久化存储到本地磁盘上，直到 Sink 处理完该事件。Channel 支持将数据存储在内存、JDBC、File 等其他持久化存储系统中。

（3）Sink

Sink 从 Channel 中取出事件，然后将数据发送到别处（可以是文件系统、数据库、

HDFS，也可以是其他 Agent 的 Source）。在日志数据较少时，它可以将数据存储在文件系统中，并且设定一定的时间间隔定时保存数据。

　　Flume 使用事务性的方式保证传送事件整个过程的可靠性。Sink 必须在事件被存入 Channel 后，或者已经被传达到下一个目的地，才能把事件从 Channel 中删除掉，这里的目的地包括下一个 Agent、HDFS 等。这样数据流里的事件无论是在一个 Agent 里还是在多个 Agent 之间流转，都能保证可靠，因此以上的事务性保证了事件被成功存储起来。例如，Flume 支持在本地保存一份文件 Channel 作为备份，当 Channel 将事件存在内存队列里时，虽然处理速度快，但丢失的话无法恢复，这时可以将备份的数据进行恢复使用。

　　由于 Flume 提供了大量内置的 Source、Channel 和 Sink 类型，而不同类型的 Source、Channel 和 Sink 可以自由组合。因此，多个 Agent 可以基于用户设置的配置文件，灵活地组合进行协同工作，如图 3-4 所示。

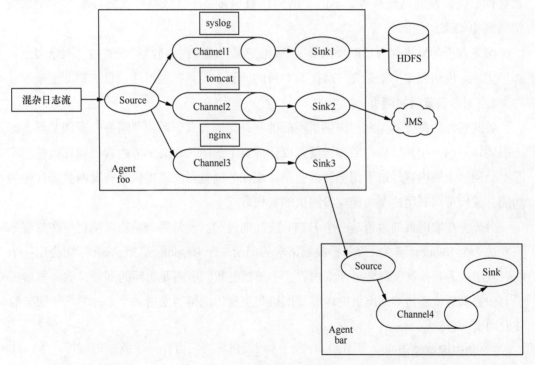

图 3-4　多 Agent 协同工作

　　Flume 支持设置 Sink 的容错和负载均衡技术（见图 3-5），这样可以保证在一个 Agent 失效的情况下，整个系统仍能正常收集数据，同时也不会因为 Agent 处于超负荷的工作状态，影响整个系统的运行效率。

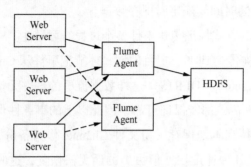

图 3-5　Flume 负载均衡和容错

3.2.2　网页数据的采集方法

网络数据有许多不同于自然科学数据的特点，包括多源异构、交互性、时效性、社会性、突发性和高噪声等，不但非结构化数据多，而且数据的实时性强。大量数据都是随机动态产生的。

网络数据的采集称为"网页抓屏""数据挖掘"或"网络收割"，通过"网络爬虫"程序实现。网络爬虫一般是先"爬"到对应的网页上，再把需要的信息"铲"下来。

1. 浏览器背后的网页

各式各样的浏览器为我们提供了便捷的网站访问方式，用户只需要打开浏览器，键入想要访问的链接，然后按回车键就可以让网页上的图片、文字等内容展现在面前。实际上，网页上的内容经过了浏览器的渲染。现在的浏览器大都提供了查看网页源代码的功能，我们可以利用这个功能查看网页的实现方式。

另外，获取网页的过程是一个 HTTP 交互的过程。通常是浏览器向网页所在的服务器发送一个 Request 请求，服务器收到请求后回给一个 Response。Request 里面会用一个 Get 方法告诉服务器我们需要什么内容，一般都是我们所需要访问的网址，服务器解析了 Get 需求后就回传本地网页的内容。网络爬虫模仿浏览器发送一个 Get 方法给服务器获取网页内容。

2. 初识网络爬虫

浏览器可以让服务器发送一些数据到那些对接无线（或有线）网络接口的应用上。本节选用 Python 来实现网络爬虫的一些功能。

```
import urllib
from bs4 import BeautifulSoup
html=urllib.request.urlopen("http://www.baidu.com")
```

```
bsObj=BeautifulSoup(html,'lxml')
print (bsObj.title)
```

输出结果为

```
<title>百度一下，就知道</title>
```

urllib 是 Python 的标准库，提供网络操作，包含从网络请求数据，处理 cookie，甚至改变如请求头、用户代理这样的元数据函数。BeautifulSoup 提供解析文档抓取数据的函数，可以方便地从网页抓取数据。

3. 爬虫的重要模块

网络爬虫可以获取互联网中网页的内容。它需要从网页中抽取用户需要的属性内容，并对抽取出的数据进行处理，转换成适应需求的格式存储下来，供后续使用。

网络爬虫采集和处理数据包括如下 3 个重要模块。

采集模块：负责从互联网上抓取网页，并抽取需要的数据，包括网页内容抽取和网页中链接的抽取。

数据处理模块：对采集模块获取的数据进行处理，包括对网页内容的格式转换和链接的过滤。

数据模块：经过处理的数据可以分为 3 类。第一类是 SiteURL，即需要抓取数据的网站 URL 信息；第二类是 SpiderURL，即已经抓取过数据的网页 URL；第三类是 Content，即经过抽取的网页内容。

网络爬虫通过上述 3 个模块获取网页中用户需要的内容。它从一个或若干初始网页的 URL 开始，获得初始网页上的 URL，在抓取网页的过程中，不断从当前页面上抽取新的 URL 放入队列，直到满足系统的特定停止条件。

4. 爬虫的基本工作流程

爬虫的基本工作流程如图 3-6 所示。

（1）从 SiteURL 中抽取一个或多个目标链接写入 URL 队列，作为爬虫爬取信息的起点。

（2）爬虫的网页分析模块从 URL 队列中读取链接。

（3）从 Internet 中获取该链接的网页信息。

（4）从网页内容中抽取所需属性的内容值。

（5）将获取的网页内容值写入数据库的 Content，并将此 URL 存入 SpiderURL。

（6）从当前网页中抽取新的网页链接。

（7）从数据库中读取已经爬取过内容的网页地址，即 SpiderURL 中的链接地址。

（8）将抽取出的 URL 和已经抓取过的 URL 进行比较，以过滤 URL。

（9）如果该网页地址没有被抓取过，则将该地址写入 SiteURL；如果该地址已经被抓取过，则放弃存储此网页链接。

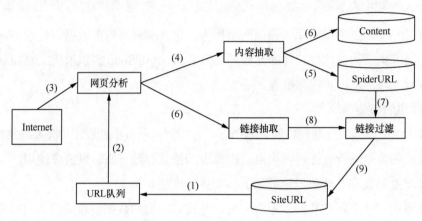

图 3-6　爬虫的基本工作流程

5. 爬虫的网页抓取策略

网络爬虫从网站首页获取网页内容和链接信息后，会根据一定的搜索策略从队列中选择下一步要抓取的网页 URL，并重复执行上述过程，直至达到爬虫程序满足某一条件时才停止。因此，待抓取 URL 队列是爬虫很重要的一部分。待抓取 URL 队列中的 URL 以何种顺序排列是一个很重要的问题，因为涉及先抓取哪个页面，后抓取哪个页面。而决定这些 URL 排列顺序的方法，叫作抓取策略。一般一个网页会存在很多链接，而链接指向的网页中又会有很多链接，甚至有可能两个网页中又包含了同一链接等，这些网页链接的关系可以看作一个有向图，如图 3-7 所示。下面我们以图 3-7 为例，重点介绍 3 种常见的网页抓取策略。

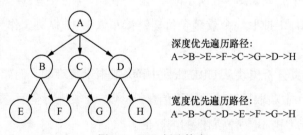

图 3-7　URL 抓取策略

（1）深度优先遍历策略

深度优先遍历策略指网络爬虫会从起始页开始，一个链接一个链接地跟踪下去，处理完这条线路之后再转入下一个起始页，继续跟踪链接。如图 3-7 所示，从首页 A 开始，A 网页有 B 链接，先抓取 B 网页；而 B 网页包含链接 E 和 F，接着抓取 E 链接；当网页 E 中不再有链接时则抓取 B 中的链接 F。对网页 B 中的链接抓取完后再对 C 和 D 网页采用同样的深度遍历方法进行抓取。

深度优先遍历策略尽可能对纵深方向进行搜索，直至所有链接被抓取完毕。

（2）宽度优先遍历策略

宽度优先遍历策略的基本思想是将首页中发现的链接直接插入待抓取 URL 队列的末尾，即网络爬虫会先抓取起始网页中所有的链接网页，然后再选择其中的一个链接网页，继续抓取在此网页中链接的所有网页。如图 3-7 所示，宽度优先遍历路径：首先抓取 A 网页中的链接 B、C 和 D 的网页内容，然后再选取网页 B 中的所有链接 E 和 F 进行抓取，最后再依次获取 C 和 D 中所有的链接的内容。

（3）反向链接数策略

反向链接数是一个网页被其他网页链接指向的数量。反向链接数表示的是一个网页的内容受到其他人推荐的程度。因此，很多时候搜索引擎的抓取系统会使用这个指标来评价网页的重要程度，从而决定不同网页的抓取先后顺序。

还有许多抓取策略是根据需求来设定的，我们在实际使用网络爬虫时选择适合的策略即可。

3.2.3　其他数据的采集方法

对企业生产经营数据或学科研究数据等保密性要求较高的数据，可以通过与企业或研究机构合作，使用特定系统接口等相关方式采集。

尽管大数据技术层面的应用可以无限广阔，但由于受到数据采集的限制，能够用于商业应用、服务于人们的数据量要远远小于理论上大数据能够采集和处理的数据量。因此，解决大数据的隐私问题是数据采集技术的重要目标之一。现阶段的医疗机构数据更多来源于内部，外部的数据没有得到很好的应用。对外部数据，医疗机构可以考虑借助如百度、阿里、腾讯等公司第三方数据平台解决数据采集难题。例如，百度公司推出的疾病预测大数据产品（见图 3-8）可以对全国不同的区域进行全面监控，智能化地列出某一地级市和区域的流感、肝炎、肺结核、性病等常见疾病的活跃度、趋势图等，提示人们有针对性地进行预防，从而降低染病的概率。在医疗领域，大数据的应用可以帮助人们更加快速、准确地预测疾病发展的趋势，这样在大规模暴发疾病时，我们就能够提前做好预防措施和医疗资源的储蓄与分配，优化医疗资源配置。

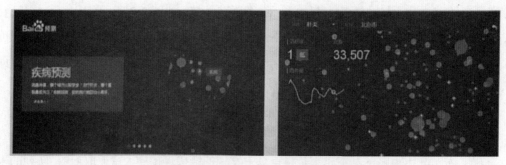

图 3-8　百度推出的疾病预测大数据产品

3.3　数据预处理

大数据并不在"大"，而在于"有用"，数据的质量比数量更为重要，然而数据的质量通常参差不齐。准确、高质量的数据是大数据产生价值的有力保证。在大数据环境下，数据质量的优劣直接影响数据价值的高低，进而影响人们的分析和决策。

3.3.1　影响数据质量的因素

影响数据质量的因素有很多，既有管理方面的因素，又有技术方面的因素。具体来讲，大数据处理流程的每个环节上的问题都会对数据质量产生负面影响。本节先说明大数据处理的每个环节对数据质量有哪些影响，然后具体介绍评估数据质量的标准。

1. 大数据处理环节对数据质量的影响

（1）在数据采集阶段，引起数据质量问题的因素主要有两点——数据来源和数据录入。数据来源一般分为两种——直接来源和间接来源。每个来源又有不同途径，如直接来源主要是调查数据和实验数据，由用户通过调查、观察或实验等方式获取，可信度相对来说比较高。间接来源是收集一些权威机构公开出版或发布的数据和资料。特别是在互联网时代，获取数据和信息非常方便和快捷，这类数据成为主要的数据来源，而这些间接得到的数据可信度并不高，甚至还存在数据错误、数据缺失等质量问题，所以在使用时要充分评估数据质量。

数据录入时会因为对原始数据的曲解或本身的错误造成数据录入错误或数据缺失，而且当录入人员不知道正确值时，经常会使用一个默认值来代替，或将他们认为的典型值代入。这样看起来数据是完整的，却引入了很多脏数据。

（2）在数据整合阶段，也就是将多个数据源合并的时候，最容易产生的质量问题是数据集成错误。将多个数据源中的数据并入一个数据库是大数据技术中最常见的操作，在数据集成时需要解决数据库之间的不一致性或冲突问题。

（3）在数据分析阶段，我们可能需要对数据进行建模，好的数据建模方法可以用合适的结构将数据组织起来，减少数据重复并提供更好的数据共享；而数据之间的约束条件的使用也可以保证数据之间的依赖关系，防止出现不准确、不完整和不一致的质量问题。

（4）在数据可视化阶段，质量问题相对较少。这一阶段的主要问题是数据表达质量不高，即展示数据的图表不容易理解，表达不一致或者不够简洁。

数据质量问题可能发生在大数据处理流程的每一个阶段，尤其是在数据采集和集成阶段最容易出现低质量的数据，从而影响后续的建模分析和挖掘，最终得出错误的分析结果，引起决策失误。

2. 评估数据质量的标准

评估数据质量的标准是衡量数据在某一方面的性质，如准确性、完整性、一致性、及时性、可信性、可解释性、重复性、关联性等。它们反映了数据质量的特性和用户的需求。以下列举几个比较重要的特性，分别描述它们的含义和用途。

（1）准确性

准确性指数据是精确的。数据存储在数据库中，对应于真实世界的值。如某用户在使用支付宝绑定银行卡时，网站要求验证用户的真实姓名和身份证号码。如果用户提供的身份证号码与实际号码一致，那么，该号码存储在数据库中的值就是正确的。另外，准确性也指数据的正确性、可靠性和可鉴别性的程度，如数据库某个字段的值与真实值之间的准确程度。

从准确性定义来看，准确性需要一个权威性的参考数据源，以便数据与它进行比较。比较的方式可以是调查或检验，如性别取值只能是男或女；数据库中联系方式里的手机号码的有效位数是 11 位，座机号码有效格式是区号+号码，号码长度为 7 位或 8 位等。

在有参考数据源的情况下，数据的准确性容易测量，但是在其他情况下，并不能确定基准数值是多少。准确性在一定程度上显示了与上下文的相关性，因此数据准确性由数据应用的场景决定，虽然可以用工具检查电话号码是否有效，但是只有用户才知道此号码是否正确。

（2）完整性

完整性指信息具有一个实体描述的所有必需的部分。在传统关系型数据库中，完整性通常与空值（NULL）有关。空值是缺失或不知道具体值的值。例如，在学生信息系统里，学生信息属性有姓名、性别、年龄和民族等信息，但有可能在数据录入时由于某种原因导致其中一个属性缺失，如某学生的民族信息是空的，那么，这个学生的信息是不完整的。

（3）一致性

数据一致性指关联数据之间的逻辑关系是否正确和完整。在数据库中，一致性指在不同地方存储和使用的同一数据应当是等价的，表示数据有相等的值和相同的含义，或者本质上相同。同步是使数据相等的过程。

一致性约束是用来保证数据间逻辑关系是否正确和完整的一种语义规则。例如，地址字段列出了邮政编码和城市名，但是有的邮政编码区域并不包含在对应的城市中，可能有人在人工输入该信息时颠倒了两个数字，或者是在手写体扫描时错读了一个数字。下面以表 3-1 和表 3-2 为例，说明一致性的问题。

表 3-1　　　　　　　　　　　　　　学生信息表

学号	姓名	性别	年龄	所在专业
95001	张晓云	女	18	M01
95002	刘一天	男	19	M02
95003	邓茹	女	18	M03
95004	王小刚	男	20	M15

表 3-2　　　　　　　　　　　　　　专业信息表

专业号	专业名称	专业班级数	负责人
M01	计算机科学与技术	2	刘莉莉
M02	软件工程	3	朱晓波
M03	信息安全	2	李瑶
M04	通信工程	4	陈杨勇
M05	物联网	3	罗莉

表 3-1 描述学生的基本信息，包括学号、姓名、性别、年龄和所在专业，而所在专业必须从专业信息表获取。表 3-2 描述专业基本信息。从这两个表可以看到，表 3-1 中

的学生王小刚所在的专业号并没有出现在表 3-2 中，说明该条记录的专业号有误，必须修改正确，这样才能保证两张表对应字段的正确性。

（4）及时性

有些数据会随时间而变化，如每天股票的成交额。同时，在现实世界中，真实目标发生变化的时间与数据库中表示其数据更新及使其应用的时间总是存在延迟，因此及时性也可被称为时效性，是与时间相关的因素。例如，如果数据提供正在发生的现象或过程的快照，如顾客的购买行为或 Web 浏览模式，则快照只代表有限时间内的真实情况。如果数据已经过时，则基于它的模型和模式也就过时了。在这种情况下，我们需要考虑重新采集数据信息，及时对数据进行更新。

（5）可信性

数据的可信性由 3 个因素决定，即数据来源的权威性、数据的规范性、数据产生的时间。例如，要想了解新浪微博某一用户发布的微博内容是否具有可信性，首先要确定数据来源是否具有权威性，如果是权威机构的数据，则可信度比较高；如果微博字数较长且叙述比较详细，可信度也会增加；同时，微博的发布时间是否接近实时，也会影响数据的可信度。

（6）可解释性

可解释性也被称为可读性，指数据被人理解的难易程度。如果数据具有解释性或使用注释性信息，而且数据书写规范，则数据的可解释性较高。

除了以上标准，数据质量问题也可以从应用角度考虑，表达为"采集的数据如果满足预期的应用，就是高质量的"。特别是对工商业界，数据质量的这种要求非常有价值。类似的观点也出现在统计学和实验科学，它们强调精心设计实验来收集与特定假设相关的数据。与测量和数据收集一样，许多数据质量问题与特定的应用和领域有关。也就是说，在不同的应用条件下，我们在采集数据时，所要注重的数据质量的侧重点也是不同的。

3.3.2　数据预处理的目的

如果从各个数据源采集到的数据存在 3.3.1 节中描述的各种问题，则数据的质量就是低劣的。若对低劣的数据进行分析和挖掘，最终得到的结果是不可预测的，它可能远远偏离了正确结果，这就是"差之毫厘，失之千里"。另外，海量的实际数据中无意义的成分太多，将严重影响数据挖掘算法的运行效率。因此，对不理想的原始数据进行有效的预处理，已经成为大数据处理流程中的关键环节。

数据预处理是一个广泛的领域，其总体目标是为进行后续的数据挖掘工作提供可靠和高质量的数据，缩小数据集规模，提高数据抽象程度和数据挖掘效率。在实际处理过程中，我们需要根据所分析数据的具体情况选用合适的预处理方法，也就是根据不同的挖掘问题采用相应的理论和技术。数据预处理的主要任务包括数据清洗、数据集成、数据变换、数据归约等。经过这些处理步骤，我们可以从大量的数据属性中提取出一部分对目标输出有重要影响的属性，降低源数据的维数，去除噪声等，为数据挖掘算法提供干净、准确且更有针对性的数据，减少挖掘算法的数据处理量，改进数据的质量，提高挖掘效率。

3.3.3 数据预处理的流程

数据预处理是大数据处理流程中必不可少的关键步骤，更是进行数据分析和挖掘前的准备工作。我们要一方面保证挖掘数据的正确性和有效性；另一方面要通过对数据格式和内容的调整，使数据更符合挖掘的需要。因此，在数据挖掘执行之前，必须对收集到的原始数据进行预处理，达到改进数据的质量，提高数据挖掘过程的效率和精度的目的。数据预处理的流程如图 3-9 所示。

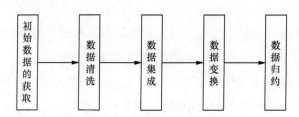

图 3-9 数据预处理的流程

1. 数据清洗

现实世界的数据一般是不完整、有噪声和不一致的。特别是考虑大数据的特点，在数据量巨大的同时，可能会出现很多无用数据或空缺值。数据清洗任务通过填写空缺值，消除噪声数据，识别或删除孤立点，并解决不一致性来"清洗"数据，从而改善数据质量，提高数据挖掘的效率和精度。例如，如果用户认为数据是脏的、不可信的，则他们可能不会相信建立在这些数据之上的挖掘结果。此外，脏数据可能使挖掘过程不稳定甚至陷入混乱，导致不可靠的输出，无法达到正确分析数据的目的。尽管大部分的挖掘算法都有一些专门的流程来处理不完整数据或噪声数据，但是它们并非总是稳定的或有效的。因此，一个有效的预处理步骤的根本目的就是使用数据清洗这一操作来处理数据。

（1）处理空缺值

空缺值是数据中缺少的值。例如，在分析某公司的销售和顾客数据时，你注意到许多元组的一些属性，如顾客的收入没有记录值，那么怎样才能为该属性填上空缺值呢？处理空缺值的基本方法如下。

① 忽略元组。当元组的多个属性都缺失时，可以考虑此方法。

② 人工填写空缺值。一般来说，该方法很费时，并且当数据集很大、缺失值较多时，该方法可能行不通。

③ 用全局常量替换空缺值。如使用 unknown 或 $-\infty$。该方法简单，但是可靠性不高。

④ 用属性的中心度量（如均值或中位数）填充空缺值。对对称的数据分布，可以采用均值的方法；对倾斜的数据分布，可以采用中位数。

⑤ 使用与给定元组属同一类的所有样本的属性的中心度量填充。例如，如果某顾客收入缺失且顾客是按照信用度分类的，则用具有相同信用风险的顾客的平均收入替换此顾客收入属性的缺失值。

⑥ 使用最可能的值填充缺失值，可以使用回归、贝叶斯或决策树等方法来确定缺失值。例如，可以利用数据集中其他顾客的属性构造一棵判定树，来预测收入的空缺值。

需要注意的是，在某些情况下，空缺值并不意味着数据有错误。例如，在申请信用卡时，银行可能要求申请人提供驾驶执照号。没有驾驶执照的申请者无法填写该字段。表格应当允许填表人使用诸如"不适用"等值。软件例程也可以用来发现其他空缺值（如"不知道""？"或"无"）。在理想情况下，每种属性都应当有一个或多个关于空缺值条件的规则。这些规则可以说明是否允许有空缺值，并且应当说明这些空缺值该如何处理或转换。如果在业务处理的后续步骤提供值，字段也可能故意留下空白。因此，尽管在得到数据后，我们可以尽我们所能来清洗数据，但设计良好的数据库将有助于在第一时间把空缺值或错误的数量降到最少。

（2）消除噪声数据

噪声数据是一个测量变量中的随机错误或偏差，包括错误的值或偏离期望的孤立点值。噪声数据是无意义的数据，真实世界中的噪声数据永远都是存在的，它可能影响数据分析和挖掘的结果。因此，我们必须消除数据集中经常出现的噪声数据，避免这些噪声数据对结果产生的错误。出现噪声数据的原因可能是数据收集工具的问题、数据输入错误、数据传输错误、技术的限制或命名规则不一致。针对这些原因，我们通常采用分箱法、回归法、聚类法等数据平滑方法来消除噪声数据。

① 分箱法。通过考察数据的"近邻"即周围的值来平滑有序数据值。这些有序数据值被分布到一些"桶"或箱中。由于分箱法考察近邻的值，因此它进行的是局部的平滑。

② 回归法。回归法即采用一个函数拟合数据来平滑数据。线性回归涉及找出拟合两个属性（或变量）的最佳直线，使一个属性能够预测另一个。多元线性回归是线性回归的扩展，它涉及多个属性，并将数据拟合到一个多维面。使用回归，找出适合数据的数学方程式，能够帮助消除噪声。

③ 聚类法。它将类似的值组织成群或簇，将落在簇集合之外的点视为离群点。一般这种离群点是异常数据，最终会影响整体数据的分析结果，因此对离群点的常规操作是删除。

另外，还有一种数据是孤立点。孤立点是在某种意义上具有不同于数据集中其他大部分数据对象的特征的数据对象，或是相对于该属性的典型值来说是不寻常的属性值，我们也称其为异常对象或异常值。有许多定义孤立点的方法。此外，区别噪声和孤立点这两个概念是非常重要的。孤立点可以是合法的数据对象或值。因此，与噪声数据那样应在采集过程中尽量避免不同，孤立点本身有时是人们感兴趣的对象，从而成为我们可以采集的对象。例如，在欺诈和网络攻击检测中，检测人员的目标就是从大量正常对象或事件（大数据）中发现不正常的对象和事件。

2. 数据集成

假设你是某公司的管理人员，你想在分析数据时使用来自多个数据源的数据。这就涉及集成多个数据库或者文件，即数据集成。数据集成是将多个数据源中的数据整合到一个一致的数据存储（如数据仓库）中，由于数据源存在多样性，因此需要解决可能出现的各种集成问题。数据集成同样是预处理中重要的部分，它有助于减少结果数据集的冗余和不一致，这更有助于提高其后挖掘过程的准确性和速度。数据集成过程中需要处理的问题主要分为以下 3 类。

（1）实体识别问题

在数据集成时，来自多个信息源的现实世界的等价实体如何才能"匹配"？这就涉及实体识别问题。例如，数据分析者或计算机如何才能确信一个数据库中的 student id 和另一个数据库中的 stu id 值是同一个实体？

通常，可以根据数据库或者数据仓库中的元数据来区分模式集成中的错误。每个属性的元数据包括名称、含义、数据类型和属性的允许取值范围，以及处理空白、零或 NULL

值的空值规则，例如，将一个数据库中的"customer"和另一个数据库中的"cust"归为同一个实体时，可以利用元数据来集成它们的数据。此外，元数据还可以用来变换数据，例如，pay type 的数据编码在一个数据库中可以是"H"和"S"，而在另一个数据库中是"1"和"2"。

（2）冗余问题

集成多个数据源时，冗余数据经常会出现，常见的是冗余属性。如果一个属性可以由另外一个表导出，则它是冗余属性，例如，"年薪"可以由"月薪"计算出来，则"年薪"就被视为冗余属性。另外，冗余数据还包括同一属性多次出现、同一属性命名不一致等情况。

有些冗余可以被相关分析方法检测到。给定两个属性，这种分析方法可以根据可用的数据，度量一个属性能在多大程度上蕴含另一个属性。例如，对标量数据，我们使用卡方检验；对数值属性，我们使用相关系数和协方差，它们都可以评估一个属性的值如何随另一个属性的值发生变化。

除了检测属性间的冗余外，还应当检测元组之间的重复。例如，对给定的唯一数据实体，存在两个或多个相同的元组。元组重复的原因可能是不正确的数据输入，或者系统更新了数据的某些属性，但并未更新所有的元组。

（3）数值冲突的检测与处理

对现实世界的统一实体，来自不同数据源的属性值可能是不同的。这可能是因为数据的表示、比例或编码、数据类型、单位、字段长度不同。例如，重量属性可能在一个系统中以公制单位存放，而在另一个系统中以英制单位存放；学生成绩，有的用 100 分制，有的用 10 分制或 5 分制等，这些都需要纠正并统一。

再如，微博通过投票活动分析大众对明星的喜爱程度，根据网络热度进行排行，将明星对象分为男演员、女演员、男歌手、女歌手 4 个类别，投票的选项包括演技评价、影视剧收视率、专辑销量、热门歌曲排名等方面。在这种形式下，排名或对比标准就是不统一的。演技评价、影视剧收视率是针对演员的，专辑销量、热门歌曲排名则是面向歌手的，因此，我们要首先针对研究对象统一评价的属性。

在集成期间，我们还需注意的是，当一个数据库的属性和另一个数据库的属性匹配时，必须注意该属性在这两个数据库中对应的目标系统是否一致。如果属性匹配，但它们对应的目标系统不同，则仍然不可以集成。例如，在一个系统中，discount（折扣）可能用于订单；而在另一个系统中，它可能用于订单内的商品。如果在集成之前未发现，则目标系统中的商品可能会被不正确地打折。

3. 数据变换

在数据预处理阶段，数据被变换或统一，可能会使挖掘过程更有效，挖掘的模式更容易理解。数据变换策略包括如下几种。

（1）平滑：去掉数据中的噪声。平滑方法包括分箱法、聚类法和回归法。

（2）属性构造（或特征构造）：可以由给定的属性构造新的属性并添加到属性集中，以利于挖掘。

（3）聚集：对数据进行汇总和集中。例如，可以聚集日销售数据，计算月和年销售量。通常，这一步用来为多个抽象层的数据分析构造数据立方体。

（4）离散化：数值属性（如年龄）的原始值用区间标签（如 0～10、11～20 等）或概念标签（如 youth、adult、senior）替换。这些标签可以递归地组织成更高层的概念，使数值属性的概念分层。

（5）规范化：把属性数据按比例缩放，使之落入一个特定小区间，如-1.0～1.0 或 0.0～1.0。有许多数据规范化的方法，下面介绍 3 种。在这里，我们令 A 是数值属性，具有 n 个观测值 v_1、v_2、$\cdots$、v_n。

① 最小-最大规范化。最小-最大规范化即为对原始数据进行线性变换，假定 $\min_A$ 和 $\max_A$ 分别为属性 A 的最小值和最大值。最小-最大规范化通过计算如下公式，把 A 的值 v 映射到区间[0,1]中的 v'。

$$v' = \frac{v - \min_A}{\max_A - \min_A}(\text{new\_max}_A - \text{new\_min}_A) + \text{new\_min}_A$$

最小-最大规范化保持原始数据值之间的联系。如果今后的输入实例落在 A 的原数据值域之外，则该方法将面临"越界"错误。

② 零-均值规范化。进行零-均值规范化，即基于 A 的平均值和标准差规范化。A 的值 v 被规范化为 v'，由下式计算。

$$v' = \frac{v - \text{mean}_A}{\text{standard\_dev}_A}$$

当属性 A 的实际最大值和最小值未知，或离群点左右了最小-最大规范化时，该方法是有用的。

③ 小数定标规范化。小数定标规范化通过移动属性 A 的值的小数点位置进行规范化。小数点的移动位数依赖于 A 的最大绝对值。A 的值 v 被规范化为 v'，由下式计算。

$$v' = \frac{v}{10^j}$$

在上式中，j 是使 $\max(|v'|) < 1$ 的最小整数。

4. 数据归约

数据归约技术可以用来得到数据集的归约表示，归约后的数据集比原数据集小得多，但仍近似地保持原数据的完整性。也就是说，在归约后的数据集上进行挖掘将更有效，仍然产生相同（或几乎相同）的分析结果。

数据归约的策略包括以下几种。

（1）数据立方体聚集

在图 3-10（a）中，销售数据按季度显示；在图 3-10（b）中，数据聚集提供年销售额。我们可以看出，结果数据量小得多，但并不丢失分析任务所需的信息。

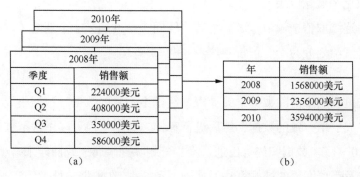

图 3-10　某分店 2008—2010 年的销售数据

通过图 3-10 的示例，我们对数据立方体有了一个感性的认知。在最低抽象层创建的立方体称为基本方体。基本方体应当对应于感兴趣的个体实体。换言之，最低层应当是对分析可用的或有用的。在最高抽象层创建的立方体称为顶点方体。对不同层创建的数据立方体称为方体，因此，"数据立方体"可以看作方体的格。

（2）属性子集选择

属性子集选择通过删除不相关或冗余的属性（或维）减少数据量。属性子集选择的目标是找出最小属性集，使数据类的概率分布尽可能地接近使用所有属性的原分布。在缩小的属性集上挖掘还有其他优点：减少了出现在发现模式上的属性数目，使模式更易于理解。

（3）数据压缩

利用数据编码或数据转换将原来的数据集合压缩为一个较小规模的数据集合。

无损压缩：可以不丢失任何信息地还原压缩数据，如字符串压缩，压缩格式为 ZIP 或 RAR。

有损压缩：只能重新构造原数据的近似表示，如音频/视频压缩。

（4）数值归约

数值归约是通过选择替代的、较小的数据表示形式来减少数据量。

有参方法：通常使用一个参数模型来评估数据。该方法只需要存储参数，而不需要实际数据，能大大减少数据量，但只对数值型数据有效。例如，可以用公式 $Y=\alpha+\beta X$ 将随机变量 Y（称为因变量）表示为另一随机变量 X（称为自变量）的线性函数。其中，假定 Y 的方差是常量；系数 α 和 β（称为回归系数）分别为直线的 Y 轴截取值和斜率。

无参方法：需要存放实际数据，如使用直方图、聚类、抽样的技术来实现。

（5）离散化和概念分层

将属性（连续取值）域值范围分为若干区间，帮助削减一个连续（取值）属性的取值个数，如将气温划分为冷、正常、热。

5. 小结

数据清洗可以用来清除数据中的噪声，纠正不一致的数据。数据集成先将数据由多个数据源合并成一个一致的数据，然后进行存储。数据变换可以用来把数据压缩到较小的区间，如 0.0～1.0。数据归约可以通过聚集、删除冗余属性或抽样来缩小数据的规模。这可以提高涉及距离度量的挖掘算法的准确率和效率。在数据预处理的实际应用过程中，上述步骤有时并不是完全分开的，可以一起使用。例如，数据清洗可能涉及纠正错误数据的变换，如先把一个数据字段的所有项都变换成统一的格式，然后进行数据清洗；冗余数据的删除既是一种数据清洗形式，也是一种数据归约。离散化既可以作为数据变换的方法，也可以作为数据归约的方法，最终目的都是将数据转换为适合数据挖掘的形式，提高数据挖掘的效率。另外，我们应该针对所要研究的具体问题，通过详细分析后再进行预处理方案的选择，整个预处理过程要尽量做到人机结合，尤其要注重与客户及专家多交流。预处理后，若挖掘结果显示和实际差异较大，在排除源数据的问题后，有必要考虑数据的二次预处理，以修正初次数据预处理中引入的误差或方法的不当。若二次挖掘结果仍然异常，则需要另行斟酌以达到更好的挖掘效果。

总之，数据的世界是庞大而复杂的，会有残缺的、虚假的、过时的数据。想要获得高质量的分析挖掘结果，就必须在数据准备阶段提高数据的质量。数据预处理可以对采集到的数据进行清洗、填补、平滑、合并、规范化以及检查一致性等，将那些杂乱无章的数据转化为相对单一且便于处理的结构，从而改进数据的质量，以提高其后挖掘过程的准确率和效率，为决策带来更高的回报。

习　　题

3-1　大数据的来源有哪些?

3-2　数据预处理的目的是什么?

3-3　数据清洗需要清洗哪些数据,应使用哪些方法?

3-4　数据集成过程中需要处理的问题有哪些?

本章参考文献

[1] 张少峰. 基于 Storm 的实时处理系统的设计与实现[D]. 北京:北京邮电大学,2017.

[2] 易梦. 基于 Spark 的智慧城市能耗数据分析的研究与实现[D]. 西安:西安电子科技大学,2017.

[3] 刘为勇. 基于健康云平台的大数据分析服务方法[D]. 大连:大连理工大学,2017.

[4] 谢晓庆. 基于聚类的校园无线用户漫游群体行为的应用研究[D]. 北京:北京交通大学,2018.

[5] 张维东. 大数据理论研究与应用[D]. 重庆:重庆大学,2017.

第4章
大数据存储与管理

本章首先讨论数据的存储介质，然后介绍常见的存储模式，以及大数据时代的存储管理系统。

本章主要内容如下。

（1）数据的存储模式。

（2）大数据时代的存储管理系统。

4.1　数据存储概述

4.1.1　数据的存储介质

存储介质是数据存储的载体，是数据存储的基础。存储介质并不是越贵越好、越先进越好，我们要根据不同的应用环境，合理选择存储介质。早期的存储介质有纸带、卡片、磁带等，目前常见的数据存储介质有机械硬盘、固态硬盘、可记录光盘、U盘、闪存卡等。

1. 机械硬盘

组成：机械硬盘主要由盘片、磁头、磁头停泊区、磁头臂等组成，如图4-1所示。

读/写原理：机械硬盘的磁头可沿盘片的半径方向运动，加上盘片每分钟几千转的高速旋转，磁头就可以定位在盘片的指定位置进行数据的读/写操作。机械硬盘中所有的盘片都装在一个旋转轴上。每张盘片之间是平行的，在每个盘片的存储面上有一个磁头，磁头与盘片之间的距离比头发丝的直径还小，所有的磁头连在一个磁头控制器上，磁头控制器负责各个磁头的运动。另外，机械硬盘在读写数据的时候，各个部件在做机械运动，所以会产生一定的热量和噪声。

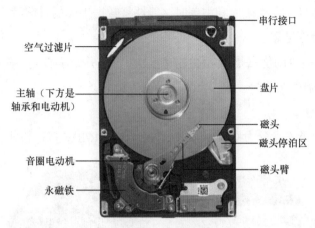

图 4-1　机械硬盘

稳定性：机械硬盘都是磁碟型的，数据存储在磁碟扇区里，所以机械硬盘不能摔，通电不能移动，否则易损坏。

优缺点：优点在于便宜，性价比高，可以用较低的价格获得较大容量，使用寿命长；缺点是相对于固态硬盘来说，读/写速度较慢；防震性也没有固态硬盘好。

2. 固态硬盘

组成：固态硬盘（Solid State Drive，SSD）是用固态电子存储芯片阵列制成的硬盘，由控制单元和存储单元（Flash 芯片、DRAM 芯片）组成，如图 4-2 所示。

图 4-2　固态硬盘

读/写原理：与普通磁盘的数据读/写原理不同，固态硬盘的读取直接由控制单元读取存储单元，不存在机械运动，因此读取速度非常快。相对于机械硬盘，固态硬盘的读/写速度提高了两倍多。由于固态硬盘属于无机械部件及闪存芯片，所以具有发热量小、散热快等特点，而且没有机械马达和风扇，工作噪声值为 0 分贝。

稳定性：固态硬盘使用闪存颗粒（即内存、MP3、U 盘等存储介质）制作而成，所以内部不存在任何机械部件，这样即使在高速移动甚至伴随翻转倾斜的情况下，也不会影响正常使用。而且在发生碰撞和震荡时，能够将数据丢失的可能性降到最小。相较机械硬盘，固态硬盘更可靠。

优缺点：固态硬盘的优点是读/写数据速度快，缺点是价格较高，有写入次数的限制，读/写有一定的寿命限制。

3. 可记录光盘

常使用的可记录光盘分为 CD-R、CD-RW、DVD±R/RW 多种格式，如图 4-3 所示。

图 4-3　可记录光盘

（1）CD-R 是一次刻录、可多次读取的光盘，标准容量为 650MB，现在常用的刻录容量为 720MB。现在的 CD-R 支持非重复多次刻录，直到容量满为止，但每次需要花费 20MB 的索引空间。CD-R 的刻录速度高达 52 倍速。

（2）CD-RW 是可以多次刻录、反复擦写的光盘，容量为 650MB。写入方式有 CD-R 方式和 FILE 方式，前者刻录的信息兼容性好，后者一般只能在所刻录的机器上使用，但写入信息如同使用磁盘一样（使用 FILE 刻录软件），写入、删除比较方便。

（3）目前主流的 DVD 刻录盘有两种——DVD-R/RW 和 DVD+R/RW。前者为先锋等公司主推的 DVD 刻录格式，主要支持 DVD 视频刻录。后者为索尼、飞利浦及惠普等公司主推的刻录标准，主要支持数据刻录。

4. U 盘

U 盘是一种 Flash 存储设备，是用 Flash 芯片（Flash RAM，电可擦写存储器）作为存储介质制作的移动存储器，如图 4-4 所示。U 盘采用通用串行总线（Universal Serial Bus，USB）接口，可反复擦写的性能大大加强了数据的安全性。U 盘使用极为方便，无须外接电源，支持即插即用和热插拔，只要用户计算机的主板上有 USB 接口，就可以使用。由 U 盘发展起来的 MP3、MP4 播放机也可当作数据存储设备使用。

图 4-4　U 盘

5. 闪存卡

闪存卡一般用于数码类的产品中，如手机、数码照相机、数码摄像机、数码录音笔等。常用类型有 SD 卡、MiniSD 卡、MicroSD（TF）卡、CF 卡、记忆棒等，如图 4-5 所示。目前使用最多的 TF 卡，全称为 TransFlash，又称 MicroSD 卡，由摩托罗拉公司与 Sandisk 公司共同研发，在 2004 年推出。根据写入速率，TF 卡分为普通型和 HC 型（高速型），有的以标注 Class2～10 进行分级，其写入速率分别为 2～10MB/s。未标注的 TF 卡为 Class0，Class2 级 TF 卡能满足观看普通 MPEG2、MPEG4 格式的电影和数码摄像机拍摄的需求；Class4 级 TF 卡可以满足流畅播放高清电视（HDTV）和数码相机连拍的需求；Class6 级以上满足单反相机连拍和专业设备的使用需求。一般在 TF 卡上用②～⑩表示 Class2～Class10 级。

图 4-5　闪存卡

6. 数据存储介质的选择原则

数据存储介质的选择主要考虑如下原则。

（1）耐久性

耐久性能高的存储介质不容易损坏，降低了数据损失的风险。因而存储数据应选用对环境要求低、不容易损伤、耐久性能高的介质。

（2）容量恰当

介质的高容量不仅有利于存储空间的减少，还便于管理，但会使存储的成本增加。对大容量数据而言，如果存储介质容量低，将不利于保证存储数据的完整性。介质的存储容量最好与所管理的数据量大小相匹配。

（3）低费用

介质的价格低，可以减少存储管理与系统运行的成本。

（4）广泛的可接受性

为减少 IT 业界对存储介质不支持的风险，我们应当选用具有广泛可使用性的存储介质，特别应注意选用能满足工业标准的存储介质。

4.1.2　数据的存储模式

目前，数据有 3 种常见的存储模式（见图 4-6），它们被广泛应用于企业存储设备中：附加直接模式（Direct-Attached Storage，DAS）；附加网络模式（Network-Attached Storage，NAS）；存储区域网络模式（Storage Area Network，SAN）。

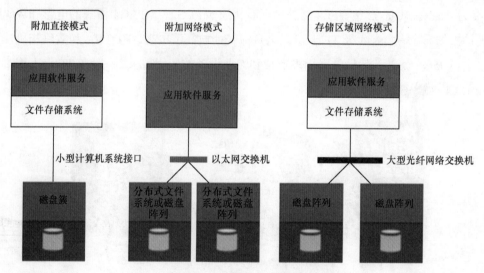

图 4-6　数据的存储模式

1. DAS

DAS 将存储设备通过 SCSI 接口直接连接到一台服务器上使用，如图 4-7 所示。

DAS 是通过小型计算机系统接口（Small Computer System Interface，SCSI），在计算机与外部设备之间进行连接。

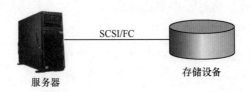

图 4-7　DAS（1）

DAS 依赖主机的操作系统来实现数据的读/写、管理、备份等工作，如图 4-8 所示。

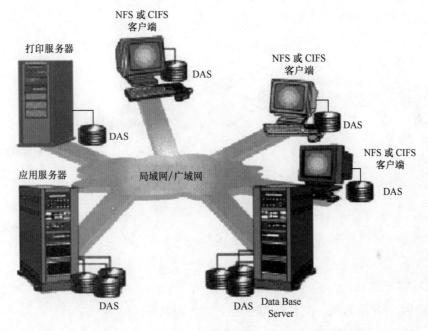

图 4-8　DAS（2）

（1）DAS 的优点

配置简单：DAS 购置成本低，配置简单，只需配置一个外接的 SCSI 接口。

使用简单：使用方法与使用本机硬盘并无太大差别。

使用广泛：在中小型企业中，应用十分广泛。

（2）DAS 的缺点

扩展性差：在新的应用需求出现时，需要为新增的服务器单独配置新的存储设备。

资源利用率低：不同的应用服务器存储的数据量随着业务发展出现不同，有部分应用存储空间不够，而另一部分却有大量的存储空间。

可管理性差：数据分散在应用服务器各自的存储设备上，不便于集中管理、分析和使用。

异构化严重：企业在发展过程中可能采购不同厂商、不同型号的存储设备，设备之间的异构化严重，使维护成本变高。

I/O 瓶颈：SCSI 接口处理能力会成为数据读/写的瓶颈。

2. NAS

NAS 存储设备是一种带有操作系统的存储设备，也叫作网络文件服务器。NAS 设备直接连接到 TCP/IP 网络上，网络服务器通过 TCP/IP 网络存取与管理数据。

应用：文档、图片、电影的共享等。

典型的 NAS 架构如图 4-9 所示。

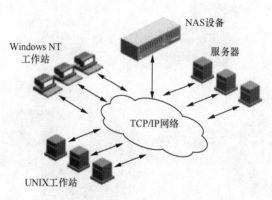

图 4-9　典型的 NAS 架构

（1）NAS 的优点

即插即用：容易部署，把 NAS 设备接入以太网就可以使用。

支持多平台：可以使用 Linux 等主流操作系统。

（2）NAS 的缺点

NAS 设备与客户机通过以太网连接，NAS 使用网络进行数据的备份和恢复，因此数据存储或备份时都会占用网络带宽。

存储数据通过普通数据网络传输，因此容易产生数据泄漏的安全问题。

只能以文件级访问，不适合块级的应用。

3. SAN

SAN 是一个采用网状通道（Fibre Channel，FC）技术，通过 FC 交换机连接存储阵列和应用服务器，建立专用于数据存储的区域网络，如图 4-10 所示。

SAN 支持数以百计的磁盘，提供了海量的存储空间，解决了大容量存储问题；这个海量空间可以从逻辑层面上按需要分成不同大小的逻辑单元，再分配给应用服务器。SAN

允许企业独立地增加它们的存储容量。SAN 的结构允许任何服务器连接到任何存储阵列，因此不管数据存放在哪里，服务器都可以直接存取所需的数据。

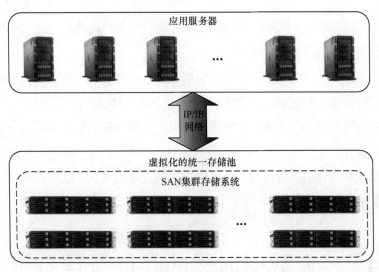

图 4-10　SAN

（1）SAN 的优点

传输速度快：SAN 采用高速的传输媒介，并且 SAN 网络独立于应用服务器系统之外，因此存取速度很快。

扩展性强：SAN 的基础是一个专用网络，增加一定的存储空间或增加几台应用服务器，都非常方便。

磁盘使用率高：整合了存储设备和采用了虚拟化技术，因而整体空间的使用率大幅提升。

（2）SAN 的缺点

价格贵：不论是 SAN 阵列柜还是 SAN 必需的光纤通道交换机，其价格都是十分昂贵的，就连服务器上使用的光通道卡的价格也是不易被小型企业所接受的。

异地部署困难：需要单独建立光纤网络，异地扩展比较困难。

4. 不同应用场景对应的存储选择

CPU 密集的应用环境：某种应用极其消耗 CPU 资源，其程序内部逻辑复杂而且对磁盘访问量不高。这种程序在运行时根本不用或只需少量读取磁盘上的数据，只是在程序载入的时候读入必需的程序数据而已。进程运行后便会使 CPU 的核心处于全速状态，这会造成其他进程在同一时间只能获得少量的执行时间，进而严重影响性能。

对 CPU 密集的应用环境，我们往往会采用 NAS，因为 NAS 环境容易搭建，成本较低。在 CPU 密集的应用环境里，系统对数据的访问要求不高，这种环境的主要功能就是计算。

I/O 密集的应用环境：某种程序的内部逻辑并不复杂、耗费的 CPU 资源不多，但要随时读取磁盘上的数据，如 FTP 服务器。

对 I/O 密集的应用环境，我们往往会采用 SAN，因为 SAN 能提供快速的访问速度，非常适合系统对大量的数据读/写及数据的频发读/写这种应用环境。

对高并发随机小块 I/O 或共享访问文件的应用环境：我们往往会采用 NAS。因为对小块的 I/O 读/写并不会对网络造成大的影响，并且 NAS 提供了网络文件共享协议。

DAS 存储一般应用在中小企业，采用与计算机直连的方式；SAN 存储使用 FC 接口，提供更佳的存储性能；NAS 存储则通过以太网添加到计算机上。

4.2 大数据时代的存储管理系统

在普通 PC 中，目前已经被广泛使用的存储管理系统有普通的文件系统、键-值数据库和关系型数据库。

在大数据时代，普通 PC 的存储容量已经无法满足大数据需求，需要进行存储技术的变革，我们采用分布式平台来存储大数据。

4.2.1 文件系统

1. 文件系统简介

在计算机中，文件系统（File System）是提供了命名文件及放置文件的逻辑存储和恢复等功能的系统。DOS、Windows、OS/2、Macintosh 和 UNIX-based 操作系统都有文件系统。在此系统中，文件被放置在分等级的（树状）结构中的某一处。文件被放进目录（Windows 中的文件夹）或子目录。

文件系统是软件系统的一部分，它的存在使应用可以方便地使用抽象命名的数据对象和大小可变的空间。

2. 操作系统和文件系统的关系

文件系统是操作系统用于存储设备（磁盘）或分区上的文件的方法和数据结构，即在存储设备上组织文件的方法。

操作系统中负责管理和存储文件信息的软件机构被称为文件管理系统，简称文件系统。文件系统是对文件存储设备的空间进行组织和分配，负责文件存储并对存入的文件进行保护和检索的系统。具体地说，它负责为用户建立文件，允许用户进行存入、读出、修改等操作。

4.2.2　分布式文件系统

1. 分布式文件系统简介

普通文件系统的存储容量有限，但是大数据一般都是海量数据，无法在以前的普通文件系统进行存储。

分布式文件系统把文件分布存储到多个计算机节点上，成千上万的计算机节点构成计算机集群。和以前使用多个处理器和专用高级硬件的并行化处理装置不同的是，目前的分布式文件系统所采用的计算机集群，都是由普通硬件构成的，这就大大降低了硬件上的成本开销。计算机集群的基本架构如图 4-11 所示。

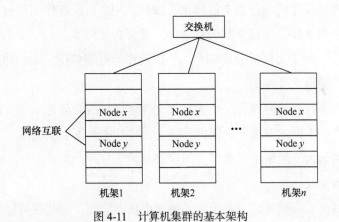

图 4-11　计算机集群的基本架构

2. 分布式文件系统的整体结构

如图 4-12 所示，分布式文件系统在物理结构上是由计算机集群中的多个节点构成的。这些节点分为两类，一类叫作"主节点（Master Node）"或者也被称为"名称节点（NameNode）"，另一类叫作"从节点（Slave Node）"或者也被称为"数据节点（DataNode）"。

3. Apache 下的分布式文件系统

Hadoop 是 Apache 软件基金会旗下的一个分布式系统基础架构。Hadoop 框架最核心的设计就是 HDFS、MapReduce，可为海量的数据提供存储和计算服务。

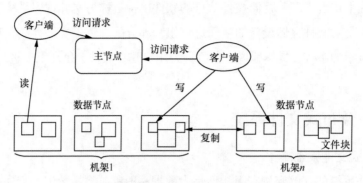

图 4-12　分布式文件系统的整体结构

　　MapReduce 主要运用于分布式计算，HDFS 主要是 Hadoop 的存储，用于海量数据的存储。HDFS 是一个分布式文件系统，具有高容错的特点。它可以部署在廉价的通用硬件上，提供高吞吐率的数据访问，适合那些需要处理海量数据集的应用程序。

　　HDFS 使用的是传统的分级文件体系，因此，用户可以像使用普通文件系统一样，创建、删除目录和文件，在目录间转移文件，重命名文件等。

　　在 HDFS 中，一个文件被分成多个块，以块作为存储单位，块的作用如下。

　　（1）支持大规模文件存储

　　文件以块为单位进行存储，一个大规模文件可以被拆分成若干个文件块，不同的文件块可以被分发到不同的节点上，因此，一个文件的大小不会受到单个节点的存储容量的限制，可以远远大于网络中任意节点的存储容量。

　　（2）简化系统设计

　　①块大大简化了存储管理。由于文件块大小是固定的，因此就可以很容易地计算出一个节点可以存储多少文件块。②方便了元数据的管理。元数据不需要和文件块一起存储，它可以由其他系统负责管理。

　　（3）适合数据备份

　　每个文件块都可以冗余存储到多个节点上，大大提高了系统的容错性和可用性。

　　HDFS 采用了主从（Master/Slave）结构模型，如图 4-13 所示。一个 HDFS 集群包括一个名称节点（NameNode）和若干个数据节点（DataNode）。名称节点作为中心服务器，负责管理文件系统的命名空间及客户端对文件的访问。集群中的数据节点负责处理客户端的读/写请求，在名称节点的统一调度下进行数据块的创建、删除和复制等操作。每个数据节点的数据实际上是保存在本地 Linux 文件系统中的。

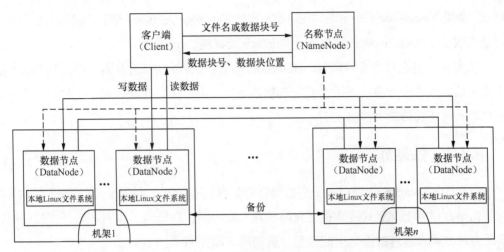

图 4-13　HDFS 的体系结构

以下详细介绍 HDFS 主要组件的功能（见图 4-14）。

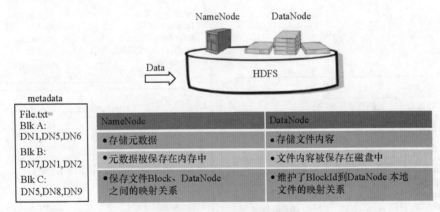

图 4-14　HDFS 主要组件的功能

（1）NameNode

名称节点（NameNode）存储元数据，元数据被保存在内存中（磁盘上也保存了一份），保存文件 Block、DataNode 之间的映射关系；NameNode 记录了每个文件中各个块所在的 DataNode 的位置信息。

元数据的内容包括文件的复制等级、修改和访问时间、访问权限、块大小及组成文件的块。对目录来说，NameNode 存储修改时间、权限和配额元数据。

（2）DataNode

数据节点（DataNode）负责数据的存储和读取，数据被保存在磁盘中，维护 BlockId 到 DataNode 本地文件的映射关系。DataNode 定期向 NameNode 发送 Block 信息以保持联系，如果 NameNode 在一定的时间内没有收到 DataNode 的 Block 信息，则认为 DataNode 已经失效了，NameNode 会复制其上的 Block 到其他 DataNode。

在实现上述优良特性的同时，HDFS 特殊的设计也使其自身具有一些应用局限性，主要包括以下几个方面：不适合低延迟数据访问；无法高效存储大量小文件；不支持多用户写入及任意修改文件。

4.2.3 数据库

数据库（DataBase）就是一个存放数据的仓库。这个仓库是按照一定的数据结构（数据结构是数据的组织形式或数据之间的联系）来组织、存储的，我们可以通过数据库提供的多种方式来管理数据库里的数据。数据库家族如图 4-15 所示。

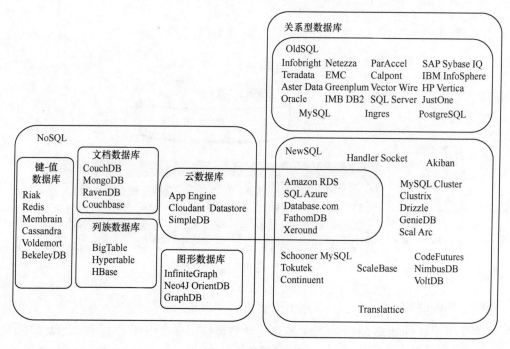

图 4-15　数据库家族

数据库诞生于 60 多年前，随着信息技术的发展和人类社会的不断进步，特别是 2000 年以后，数据库不再仅仅用于存储和管理数据，而转变成用户所需要的各种数据管理方式。

数据库的种类，根据不同的年代，会有不同的划分方法。按照目前业界的一种比较普遍的划分，数据库模型主要划分为两种，即关系型数据库和非关系型数据库。

1. 关系型数据库

关系型数据库把复杂的数据结构归结为简单的二元关系（即二维表格形式）。在关系型数据库中，程序对数据的操作几乎全部建立在一个或多个关系表格上，即程序通过对这些关联表的表格进行分类、合并、连接或选取等运算来实现对数据的管理。

2. 非关系型数据库

非关系型数据库也被称为 NoSQL 数据库，如图 4-16 所示。NoSQL 的本意是"Not Only SQL"，指的是非关系型数据库，而不是"No SQL"的意思，因此，NoSQL 的产生并不是要彻底否定关系型数据库，而是成为传统关系型数据库的一个有效补充。NoSQL 数据库在特定的场景下可以发挥出人们难以想象的高效率和高性能。

图 4-16　非关系型数据库

随着互联网 Web 2.0（以前的基本上是静态网页，而现在是交互式的网站）网站的兴起，传统的关系型数据库在应对 Web 2.0 网站、微博、微信规模日益庞大的数据时，已经显得力不从心，暴露出很多难以克服的问题。例如，传统的关系型数据库 I/O 瓶颈、性能瓶颈都难以取得实质性的突破，于是开始出现了大批针对特定场景、以高性能和使用便利为目的的功能特异化的数据库产品，NoSQL 数据库就是在这样的情景中诞生并得到了非常迅速的发展。NoSQL 不将数据的一致性作为重点。

NoSQL 是非关系型数据库的广义定义。它打破了长久以来关系型数据库与 ACID 理论"大一统"的局面。NoSQL 数据存储不需要固定的表结构，通常也不存在连接操作。在大数据存取上具备关系型数据库无法比拟的性能优势。该术语（NoSQL）在 2009 年初得到了广泛认同。当今的应用体系结构需要数据存储在横向伸缩性上能够满足需求，而 NoSQL 存储就是为了满足这个需求而诞生的。

NoSQL 典型产品包括 Memcached、Redis、MongoDB、HBase 等。

4.2.4　键-值数据库

键-值（Key-Value）数据库是一种 NoSQL 数据库，用户可以通过 Key 来添加、查询或者删除数据。因为使用 Key 主键访问，所以会获得很高的性能及扩展性。键-值存储非常适合不涉及过多数据关系和业务关系的数据，同时能有效减少读/写磁盘的次数，比 SQL 数据库存储拥有更好的读/写性能。

键-值数据库主要使用一个哈希表，这个表有一个特定的键和一个指针指向特定的数据。Key-Value 模型对 IT 系统的优势在于简单、易部署、高并发。

1.　键-值对的存储

键-值对存储是数据库最简单的组织形式。键-值对存储通常都有如下接口。

（1）Get(Key)：获取之前存储于某标示符"Key"之下的一些数据，如果"Key"下没有数据则报错。

（2）Set(Key, Value)：将"Value"存储到存储空间中某标示符"Key"下，使我们可以通过调用相同的"Key"来访问它。如果"Key"下已经有了一些数据，旧的数据将被替换。

（3）Delete(key)：删除存储在"Key"下的数据。

2.　键-值数据库的优缺点

优点：在键已知的情况下查找内容，键-值数据库的访问速度比关系型数据库快好几个数量级。

缺点：在键未知的情况下查找内容，键-值数据库的访问速度是非常糟糕的。因为键-值数据库不知道存储的数据是结构的还是内容的，它没有关系型数据库中那样的数据结构，无法像 SQL 那样用 WHERE 语句或者通过任何形式的过滤来请求数据库中的一部分数据，它必须遍历所有的键，获取它们对应的值，进行某种用户所需要的过滤，然后保留用户想要的数据。

市场上流行的键-值数据库有 Memcached、Redis、MemcacheDB、Berkeley DB。

4.2.5　分布式数据库

HBase（分布式数据库）是一种 NoSQL（非关系型数据库）模型，经常用于分布式环境里，是一个分布式的结构化数据存储系统。同时，它也是 Apache 的一个开源项目，是 Google 公司的 BigTable 的开源实现。HBase 的目标是处理规模非常庞大的表，即通过水平扩展的方式，利用廉价计算机集群来处理超过 10 亿行数据和数百万列元素组成的数据表。

HBase 是一个疏松的、分布式的、已排序的多维度持久化的列族数据库。列存储数据库将数据存在列族（column family）中，一个列族的数据经常被同时查询。例如，如果我们有一个 Person 类，我们通常会一起查询其姓名和年龄，而不是薪资。在这种情况下，姓名和年龄就会被放入一个列族中，而薪资则放在另外一个列族中。

若要使用 HBase，我们需要了解如下 6 个重要概念。

（1）表（table）：HBase 采用表来组织数据。

（2）行（row）：每个表都由行组成，每个行由行键（rowkey）来标识。

（3）列族（column family）：一个 table 有多个列族。

（4）列限定符：是 column family 的分类，每个 column family 可以有不同的分类。

（5）时间戳（timestamp）：时间戳用来区分数据的不同版本。

（6）单元格（cell）：在 table 中，通过行、列族、子列、时间戳来确定一个 cell，cell 中存储的数据没有数据类型，是字节数组 byte[]。

HBase 的结构示例如图 4-17 所示。

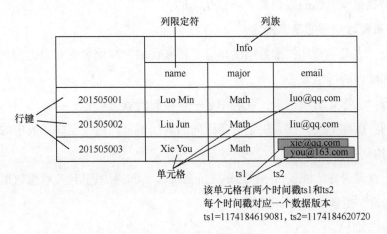

图 4-17　HBase 的结构示例

在 HBase 数据库表中插入数据应使用 put 操作。例如，使用如下语句可向数据库表中插入 3 条数据。

```
put 't1','rowkey001','f1: col1','value01b'
put 't1','rowkey001','f1: col2','value02'
put 't1','rowkey001','f2: col1','valuef2col1'
```

使用 scan 命令查看刚才插入的数据，结果如图 4-18 所示。

```
hbase(main):018:0> scan 't1',{LIMIT=>5}
ROW                        COLUMN+CELL
 rowkey001                 column=f1:col1, timestamp=1521191953577, value=value01b
 rowkey001                 column=f1:col2, timestamp=1521191982378, value=value02
 rowkey001                 column=f2:col1, timestamp=1521192019246, value=valuef2col1
1 row(s) in 0.0470 seconds
```

图 4-18　使用 scan 命令查看表的结果

4.2.6　关系型数据库

1. 关系型数据库的特点

（1）关系型数据库，是建立在关系模型基础上的数据库，现实世界中的各种实体以及实体之间的各种联系均可以用关系模型来表示。

（2）关系模型就是"一对一、一对多、多对多"等二维表格模型，因而一个关系型数据库就是由二维表及其之间的联系组成的一个数据组织。

（3）关系型数据库以行和列的形式存储数据，这一系列的行和列被称为表，一组表就组成了数据库。

（4）关系型数据库里面的数据是按照"数据结构"来组织的，因为有了"数据结构"，所以关系型数据库里面的数据是"条理化"的。

2. 关系型数据库的基本概念

（1）表：表是一系列二维数组的集合，用来代表和存储数据对象之间的关系。它由纵向的列和横向的行组成。

（2）行：也称元组或记录，在表中是一条横向的数据集合。

（3）列：也称字段，在表中是一条纵向的数据集合，列也定义了表中的数据结构。

3. 结构化查询语言

结构化查询语言（Structured Query Language，SQL）用于对关系型数据库里的数据和表进行查询、更新和管理等操作。

常用操作如下。

创建数据库表：CREATE DATABASE <数据库名> [其他参数]

查询：SELECT * FROM 表 WHERE 条件表达式。

增加：INSERT INTO 表名 (列名 1，列名 2，…)　VALUES (列值 1，列值 2，…)。

删除：DELETE FROM 表名[WHERE 条件表达式]。

修改：UPDATE 表名 SET 列名=值[WHERE 条件表达式]。

4. 事务的 ACID 特性

事务的 ACID 特性包括：原子性（Atomicity）、一致性（Consistency）、隔离性（Isolation）、持久性（Durability）。

（1）原子性：整个事务中的所有操作，要么全部成功，要么全部失败，没有中间状态。

（2）一致性：事务是按照预期生效的，一致性的核心一部分靠原子性实现，另一部分靠逻辑实现。

（3）隔离性：一个事务内部的操作及使用的数据对并发的其他事务是隔离的。事务的隔离级别一共有 4 种状态，可以在数据库中进行设置。

（4）持久性：在事务完成以后，保证事务对数据库所做的更改被持久地保存在数据库之中。

常见的关系型数据库有 Oracle、SQL Server、MySQL、SQLite、PostgreSQL、Sqlite。Oracle 数据库适用于业务逻辑较复杂、数据量较大的大型项目开发；SQL Server 数据库的功能比较全面且效率较高，适用于中型企业或单位的数据库平台；MySQL 是开源产品，该数据库被广泛地应用在 Internet 上的中小型网站中；PostgreSQL 是开源产品，功能和性能都还不错，目前很流行；Sqlite 是开源产品，是单机版数据库，功能比较简单，但是速度快，适用于小型软件和嵌入式场合。

4.2.7　数据仓库

数据仓库（Data Warehouse）是一个面向主题的（Subject Oriented）、集成的（Integrated）、相对稳定的（Non-Volatile）、反映历史变化（Time Variant）的数据集合。

Hive 是一个构建于 Hadoop 上的数据仓库工具，支持大规模数据存储、分析，具有良好的可扩展性。它的底层依赖分布式文件系统 HDFS 存储数据，并使用分布式并行计算模型 MapReduce 处理数据。Hive 定义了简单的类似于 SQL 的查询语言 HiveQL，用户可以通过编写的 HiveQL 语句运行 MapReduce 任务。

下面通过实例简单介绍 Hive 的常见操作。

1. 创建表

可使用以下语句在 Hive 数据库中创建表 usr，该表含有 3 个属性，即 id、name、age。

```
hive> use hive;
hive>create table if not exists usr(id bigint,name string,age int);
```

可使用以下语句在 Hive 数据库中创建表 usr，该表含有 3 个属性，即 id、name、

age，存储路径为"/usr/local/hive/warehouse/hive/usr"。

```
hive>create table if not exists hive.usr(id bigint,name string,age int)
>location '/usr/local/hive/warehouse/hive/usr';
```

2. 查看数据库

可使用以下语句查看 Hive 中包含的所有数据库。

```
hive> show databases;
```

可使用以下语句查看 Hive 中以 h 开头的所有数据库。

```
hive>show databases like h.* ;
```

3. 查看表和视图

可使用以下语句查看数据库 Hive 中所有的表和视图。

```
hive> use hive;
hive> show tables;
```

可使用以下语句查看数据库 Hive 中以 u 开头的所有表和视图。

```
hive> show tables in hive like u.* ;
```

4. 向表中加载数据

可使用以下语句把目录"/usr/local/data"下的数据文件中的数据加载到 usr 表并覆盖原有数据。

```
ive> load data local inpath  /usr/local/data  overwrite into table usr;
```

可使用以下语句把目录"/usr/local/data"下的数据文件中的数据加载到 usr 表，且不覆盖原有数据。

```
hive> load data local inpath  /usr/local/data  into table usr;
```

可使用以下语句把分布式文件系统目录"hdfs://master_server/usr/local/data"下的数据文件中的数据加载到 usr 表，并覆盖原有数据。

```
hive> load data inpath  hdfs://master_server/usr/local/data
>overwrite into table usr;
```

图 4-19 所示是 Hive 的应用流程。第一个阶段是从各种数据源获取数据，数据源可以是文档、关系型数据库等；第二个阶段是数据被抽取转换和加载存放到数据仓库中；第三个阶段是分析和挖掘数据仓库中存储的数据，然后应用到各种场景中，如数据挖掘系统、报表分析系统、查询应用等。

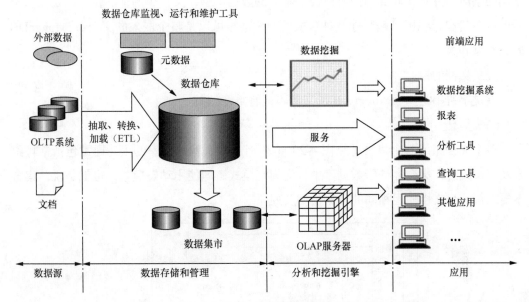

图 4-19　Hive 的应用流程

图 4-19 涉及一些相关定义：OLTP 是传统的关系型数据库的主要应用，主要是基本的日常事务处理，如银行交易；OLAP 是数据仓库系统的主要应用，支持复杂的分析操作，侧重决策支持，并且可以提供直观易懂的查询结果。

4.2.8　文档数据库

文档数据库会将数据以文档的形式存储。每个文档都是自包含的数据单元，是一系列数据项的集合。每个数据项都有一个名称与对应的值，此值既可以是简单的数据类型，如字符串、数字和日期等；也可以是复杂的类型，如有序列表和关联对象。数据存储的最小单位是文档，同一个表中存储的文档属性可以是不同的，数据可以使用 XML、JSON 或者 JSONB 等多种形式存储。

MongoDB 是一种使用得比较广泛的文档数据库，是非关系型数据库中功能最丰富、与关系型数据库最相似的数据库。它支持的数据结构非常松散，类似于 JSON 的 BSON 格式，因此可以存储比较复杂的数据类型。

1．MongoDB 的基本概念

（1）文档

简单地说，文档可以被理解为一个文本文件，不过这个文本文件有固定的格式，即使用 BSON 的有序键-值对；文档就相当于表中的一条记录；MongoDB 的文档可以使用不同的字段，并且相同的字段可以使用不同的数据类型；文档中的值不仅可以是在双引号中的字符串，还可以是其他几种数据类型（甚至可以是整个嵌入的文档）；MongoDB区分类型和大小写。

（2）文档的键

键是字符串类型，MongoDB的文档不能有重复的键。

（3）集合

多个文档组成一个集合（见图4-20），相当于关系型数据库的表，通常包括常规集合及定长集合；集合存在于数据库中，无固定模式，即使用动态模式，也就是说，集合不要求每一个文档使用相同的数据类型及列。

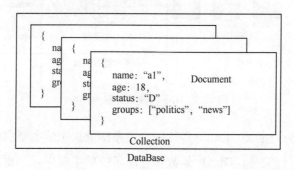

图4-20　多个不同的文档组成了一个集合

（4）数据库

一个MongoDB实例可以包含多个数据库；一个数据库可以包含多个集合；一个集合可以包含多个文档。

2. MongoDB的适用场景

（1）更高的写入负载

在默认情况下，MongoDB更侧重大数据和高频率的写入性能，而非事务安全，MongoDB很适合业务系统中有大量"低价值"数据存在的场景。但是应当避免在高事务安全性的系统中使用MongoDB，除非能从架构设计上保证事务安全。

（2）高可用性

MongoDB的主副集（Master-Slave）配置非常简洁、方便，此外，MongoDB可以快速地处理单节点故障，自动、安全地完成故障转移。这些特性使MongoDB能在一个相对不稳定的环境中保持高可用性。

（3）表结构不明确且数据规模在不断变大

在一些传统RDBMS中，增加一个字段会锁住整个数据库/表，或者在执行一个重负载的请求时会明显造成其他请求的性能降级，这些情况通常发生在数据表的规模大于 1GB 的时候（当大于 1TB 时更甚）。因为 MongoDB 是文档数据库，为非结构化的文档增加一个新字段是很快速的操作，并且不会影响到已有数据。另外，当业务数据发生变化时，不需要由 DBA 修改表结构。

4.2.9　图形数据库

图形数据库是一种 NoSQL 数据库，它应用图形理论存储实体之间的关系信息。最常见的例子就是社会网络中人与人之间的关系。

一个图形数据库最主要的组成有两种，即节点集和连接节点的关系。节点集就是图 4-21 中一系列节点的集合，比较接近于关系型数据库中最常使用的表，而关系则是图形数据库所特有的。

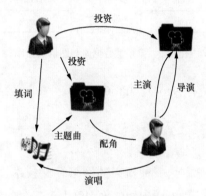

图 4-21　图形数据库

从图 4-22 可以看到，在关系型数据库中，在需要表示多对多关系时，我们常常需要创建一个关联表来记录不同实体的多对多关系，而且这些关联表常常不用来记录信息。如果两个实体之间有多种关系，我们就需要在它们之间创建多个关联表。而在一个图形数据库中，我们只需要标明两者之间存在着不同的关系。例如，用 DirectedBy 关系指向电影的导演，或用 ActBy 关系来指定参与电影拍摄的各个演员；同时，在 ActBy 关系中，我们还可以通过关系中的属性来表示其是否是该电影的主演。从上面所展示的关系的名称上可以看出，关系是有向的。如果希望在两个节点集间建立双向关系，我们就需要为每个方向定义一个关系。

也就是说，相对于关系型数据库中的各种关联表，图形数据库中的关系可以通过关系能够包含属性这一功能来提供更为丰富的关系展现方式。因此，相较于关系型数据库，图形数据库的用户在对事物进行抽象时将拥有一个额外的"武器"，那就是丰富的关系。

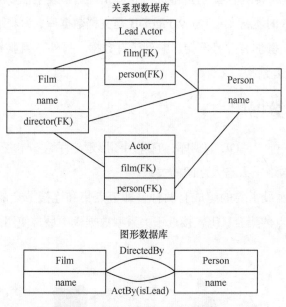

图 4-22　关系型数据库与图形数据库

图形数据库典型的产品有 Neo4J、InfoGrid。

4.2.10　云存储

云存储是一个新的概念，是一种新兴的网络存储技术，指通过集群应用、网络技术或分布式文件系统等功能，借助应用软件将网络中大量各种不同类型的存储设备集合起来协同工作，共同对外提供数据存储和业务访问功能的一种服务，如图 4-23 所示。

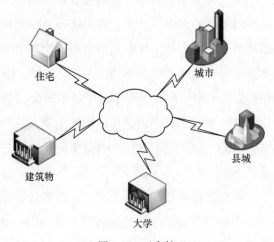

图 4-23　云存储

可以说，云存储是将资源放到云上供人们存取的一种新兴方案。使用者可以在任何时间、任何地方，通过任何可连网的装置连接到云上方便地存取数据。

1. 云存储的特点

（1）存储管理可以实现自动化和智能化，所有的存储资源被整合到一起，客户看到的是单一存储空间。

（2）云存储通过虚拟化技术解决了存储空间的浪费问题，可以重新自动分配数据，提高存储空间的利用率，同时具备负载均衡、故障冗余功能。

（3）云存储能够实现规模效应和弹性扩展，降低运营成本，避免资源浪费。

2. 云存储的优点

（1）节约成本

从短期和长期来看，云存储最大的优点就是可以为小企业节约成本。如果小企业想要将数据存储在企业内部的服务器上，就必须购买硬件和软件，同时，企业还要聘请专业的 IT 人员来管理、维护这些硬件和软件，并且还要更新这些硬件设备和软件，成本十分高昂。

通过云存储，服务器商可以服务成千上万的中小企业，并可以为不同消费群体服务。它可以为一个初创公司节约部分成本，减少成本预算。

（2）更好地备份数据并可以异地处理日常数据

硬盘或服务器损坏时，存储在其中的数据可能会丢失，而云存储则不会，如果硬盘坏掉，数据会被自动迁移到别的硬盘，大大提高了数据的安全性。即使用户所在办公场所发生自然灾害，因为数据是异地存储的，所以是非常安全的。即使自然灾害让用户不能通过网络访问数据，数据也依然存在。

在以往的存储系统管理中，管理人员需要面对不同的存储设备，不同厂商的设备均有不同的管理界面，因此，管理人员要了解每个存储设备的使用状况（容量、负载等），这项工作十分烦琐。对云存储来说，再多的存储服务器，在管理人员眼中也只是一台存储器，每台存储服务器的使用状况都可以通过一个统一的管理界面监控。这样就使维护工作变得简单和容易操作，大大减轻了管理人员的工作负担。

（3）访问更便捷

公司员工不再需要通过本地网络来访问公司资源，这就可以让公司员工甚至是合作商在任何地方访问他们需要的资源。

（4）提高竞争力

中小企业不需要花费巨额的费用来打造最好的存储系统，所以云存储为中小企业和大公司的竞争铺平了道路。

3. 云存储的架构

云存储的架构由存储层、基础管理层、应用接口层、访问层构成，如图 4-24 所示。

图 4-24　云存储的架构

（1）存储层

存储层是云存储最基础的部分。存储设备可以是 FC 光纤通道存储设备，也可以是 NAS 存储设备，还可以是 SAN 或 DAS 等存储设备。云存储中的存储设备往往数量庞大且分布于不同地域，彼此之间通过广域网、互联网或者 FC 光纤通道网络连接在一起。

存储设备之上是一个统一存储设备管理系统，可以实现存储设备的逻辑虚拟化管理、多链路冗余管理，以及硬件设备的状态监控、故障维护。

（2）基础管理层

基础管理层是云存储最核心的部分，也是云存储中最难以实现的部分。基础管理层通过集群系统、分布式文件系统和网格计算等技术，实现云存储中多个存储设备之间的协同工作，使多个相同或不同的存储设备可以对外提供同一种服务，并提供更大、更强、更好的数据访问性能。

CDN 内容分发系统、数据加密技术可以保障云存储中的数据不会被未授权的用户所访问。同时，通过各种数据加密、数据备份、数据容灾的技术和措施，能够确保云存储中的数据不会丢失，保证云存储自身的安全和稳定。

（3）应用接口层

应用接口层是云存储最灵活多变的部分。不同的云存储运营单位可以根据实际业务类型，开发不同的应用服务接口，提供不同的应用服务。云存储运营单位不同，云存储提供的访问类型和访问手段也不同。

（4）访问层

任何一个授权用户都可以通过标准的公用应用接口来登录云存储系统，享受云存储服务，如视频监控应用平台、IPTV 和视频点播应用平台、网络硬盘应用平台、远程数据备份应用平台等。

习　　题

4-1　关系型存储系统有哪些？

4-2　非关系型存储系统有哪些，它们的特点是什么？

4-3　简述你对云存储的认识。

本章参考文献

[1] 陈志勇. 股票预测中的文本大数据挖掘研究[D]. 西安：西北大学，2015.

[2] 吴金成，余红玲，伍冠桦，等. 交通一卡通大数据平台的构建研究[J]. 金卡工程，2017（05）：63-66.

[3] 张少峰. 基于 Storm 的实时处理系统的设计与实现[D]. 北京：北京邮电大学，2017.

[4] 易梦. 基于 Spark 的智慧城市能耗数据分析的研究与实现[D]. 西安：西安电子科技大学，2017.

[5] 沈宁. 卡口数据集成平台的设计与实现[D]. 上海：上海交通大学，2015.

第5章
大数据计算框架

第 1 章～第 3 章介绍了大数据系统及大数据应用的开发流程，第 4 章对大数据的存储系统做了介绍，本章首先对大数据的分布式计算框架进行详细介绍（在实际应用中，大数据主要涉及 3 种计算框架，包括批处理、实时流式计算、交互式分析框架）；然后详细介绍 MapReduce 的批处理框架和 Spark 基于内存的混合计算框架。

本章主要内容如下。

（1）MapReduce。

（2）Spark。

5.1 计 算 框 架

大数据技术是收集、整理和处理大容量数据集，并从中获得所需信息的一整套技术。而大数据的处理框架负责对系统中的数据进行计算，例如，处理文件系统中存储的数据，或处理从系统中获取的流式（实时）数据。

处理框架在某种意义上可称为处理引擎，如 MapReduce 是 Hadoop 的默认处理引擎，Spark 也可以作为 Hadoop 的处理引擎，这些都是实际负责处理数据操作的组件。处理框架按照所处理的数据状态分为批处理框架、流式处理框架及交互式处理框架。

5.1.1 批处理框架

批处理是一种用于计算大规模数据集的方法，它在大数据世界有着悠久的历史，最早的 Hadoop 就是其中一种，而后起之秀 Spark 也是从批处理开始做起的。批处理主要操作大容量静态数据集，并在计算过程完成后返回结果。批处理模式中使用的数据集通常符合下列特征。

（1）有界：批处理的数据集是数据的有限集合。

（2）持久：数据通常存储在某种类型的持久存储系统中，如 HDFS 或数据库。

（3）大量：批处理操作通常处理的是极为海量的数据集。

批处理适合需要访问全体记录才能完成的计算工作。例如，在计算总数和平均数时，必须将数据集作为一个整体加以处理，而不能将其视作多条记录的集合。这些操作要求在计算过程中，数据维持自己的状态。

需要处理大量数据的任务通常最适合用批处理操作进行处理。无论是直接从持久存储设备处理数据集，还是先将数据集载入内存，批处理系统在设计过程中都充分考虑了数据的量，可提供充足的处理资源。由于批处理在应对大量持久数据方面的表现极为出色，因此经常被用于对历史数据进行分析。

大量数据的处理需要付出大量时间，因此批处理不适合对处理时间要求较高的场合。MapReduce 是批处理的典型处理引擎，5.2 节将对 MapReduce 进行详细介绍。

5.1.2 流式处理框架

在大数据时代，数据通常都是持续不断、动态产生的。在很多场合，数据需要在非常短的时间内得到处理，并且还要考虑容错、拥塞控制等问题，避免数据遗漏或重复计算。流式处理框架则是针对这一类问题的解决方案。流式处理框架一般采用有向无环图（Directed Acyclic Graph, DAG）模型。图中的节点分为两类：一类是数据的输入节点，负责与外界交互而向系统提供数据；另一类是数据的计算节点，负责完成某种处理功能，如过滤、累加、合并等。从外部系统不断传入的实时数据则流经这些节点，把它们串接起来。

基于流式处理框架的系统会对随时进入系统的数据进行计算。相比于批处理，这是一种截然不同的处理方式。流式处理无须针对整个数据集执行操作，而是对通过系统传输的每个数据项执行操作。流式处理的数据集是"无边界"的，这就产生了如下 3 个重要的影响。

（1）完整数据集只能代表截至目前已经进入系统中的数据总量。

（2）工作数据集会更加相关，在特定时间只能代表某个单一数据项。

（3）处理工作是基于事件的，除非明确停止，否则没有"尽头"。处理结果立即可用，并会随着新数据的抵达继续更新。

此类处理非常适合某些类型的工作负载，有近实时处理需求的任务很适合使用流式处理，如分析服务器或应用程序错误日志，以及其他基于时间的衡量指标的应用场景，因为这些应用场景要求对数据变化做出实时的响应，对业务职能来说是极为关键的。流式处理很适合用来处理必须对变动或峰值做出响应，并且关注一段时间内变化趋势的数据。

Apache Storm 是一种侧重于极低延迟的流式处理框架，也是要求近实时处理的工作负载的最佳选择。该框架可处理非常大量的数据，提供结果时比其他解决方案具有更低的延迟。同时，Spark Streaming 也提供这种流式的处理模式，5.3 节将对 Spark 做详细介绍。

5.1.3　交互式处理框架

在解决了大数据的可靠存储和高效计算后，如何为数据分析人员提供便利应用，日益受到人们的关注，而最便利的分析方式莫过于交互式查询。一些批处理和流式计算平台如 Hadoop 和 Spark 也分别内置了交互式处理框架。由于 SQL 已被业界广泛接受，目前的交互式处理框架都支持用类似 SQL 的语言进行查询。早期的交互式分析平台建立在 Hadoop 的基础上，被称作 SQL-on-Hadoop。后来的分析平台改用 Spark、Storm 等引擎，不过 SQL-on-Hadoop 的称呼还是沿用了下来。SQL-on-Hadoop 也指为分布式数据存储提供 SQL 查询功能。

Apache Hive 是最早出现的、架构在 Hadoop 基础之上的大规模数据仓库，由 Facebook 公司设计并开源。Hive 的基本思想：通过定义模式信息，把 HDFS 中的文件组织成类似传统数据库的存储系统。Hive 保持着 Hadoop 所提供的可扩展性和灵活性。Hive 支持熟悉的关系型数据库概念，如表、列和分区，包含对非结构化数据一定程度的 SQL 支持。它支持所有主要的原语类型（如整数、浮点数、字符串）和复杂类型（如字典、列表、结构）。它还支持使用类似 SQL 的声明性语言 Hive Query Language（HiveQL）表达的查询，任何熟悉 SQL 的人都可以很容易地理解它。

5.2　MapReduce

MapReduce 是 Hadoop 大数据处理框架的处理引擎，能够运行在由上千个商用机器组成的大集群上，并以一种可靠的、具有容错能力的方式并行地处理 TB 级别的海量数据集。MapReduce 对历史的批量数据的处理具有很强的优势，且用户能够基于此引擎轻松地编写应用程序，以实现分布式的并行数据处理。

5.2.1　MapReduce 编程的特点

MapReduce 源于 Google 公司的一篇论文，它借鉴了分而治之的思想，将一个数据处理过程拆分为主要的 Map（映射）和 Reduce（化简）两步。用户不需要了解分布式计算框架的内部运行机制，只要能用 Map 和 Reduce 的思想描述清楚要处理的问题，即编写 map() 和 reduce() 函数，就能轻松地使用 Hadoop 实现分布式的处理。MapReduce 的编程具有以下特点。

1. 开发简单

MapReduce 的编程模型为用户提供了非常易用的编程接口，用户可以不用考虑进程间的通信、套接字编程等分布式系统需要的技术，也无须掌握非常高深的技巧，只需专注于应用程序的逻辑实现，即可实现一个分布式程序。其他比较复杂的工作都交由 MapReduce 的资源管理框架去完成，因此大大地降低了分布式程序的编写难度。

2. 可扩展性强

与 HDFS 原理相同，随着企业业务的发展，积累的数据规模会越来越大，当集群资源不能满足计算需求时，用户可以通过增加节点的方式进行横向扩展，以达到扩展集群的目的。

3. 容错性强

对节点故障导致的作业失败，MapReduce 计算框架会自动将作业安排到正常节点重新执行，直至任务完成。而且这些操作不需要用户手动执行，集群可自行调度完成。

5.2.2　MapReduce 的计算模型

MapReduce 将数据处理拆分为主要的 Map 与 Reduce 两步，MapReduce 操作数据的最小单位是一个 Key-Value 对。用户在使用 MapReduce 编程的时候，首先需要将数据抽象为 Key-Value 对的形式，接着 map() 函数以 Key-Value 对作为输入，经过 map() 函数的处理后，产生一系列新的 Key-Value 对作为中间结果输出到本地。MapReduce 计算框架会自动将这些中间结果数据按照 Key 做聚合排序处理，并将 Key 值相同的数据分发给 reduce() 函数处理；reduce() 函数以 Key 和对应的 Value 的集合作为输入，经过 reduce() 函数的处理后，产生另一系列 Key-Value 对作为最终输出，写入 HDFS。这个过程用如下表达式表示：{Key1,Value1} -> {Key2,List<Value2>} -> {Key3，Value3}。

MapReduce 能够解决的问题有一个共同特点：任务可以被分解成多个子问题，

且这些子问题相对独立，彼此之间人关联性不强；待并行处理完这些子问题后，任务也就完成了。在实际应用中，这类问题非常常见。Google 公司的 MapReduce 论文也提到一些例子，如分布式的 Grep、URL 访问频率统计、分布式排序、倒排索引构建等，这些都是比较简单且常见的应用。上面对 MapReduce 编程的描述和表达式都非常抽象，接下来通过 URL 访问频率统计的应用实例来介绍 MapReduce 的编程思想。

一般网站都需要对网站的 PV（URL 被访问的次数）和 UV（URL 被不同 IP 访问的次数）进行数据统计，这些数据来源于网站服务器上的 log 日志。这些 log 日志记录其他机器访问服务器的 IP、时间、状态码等信息。大型网站的服务器往往会产生海量的 log 日志，使用 MapReduce 的分布式计算框架来分析日志是非常有效的方式。下面以统计 PV 为例，讲解 MapReduce 的处理过程。

1. 输入

PV 统计数据的来源是网站服务器的 log 日志，日志文件是作为输入源被 MapReduce 应用程序使用的，而此日志文件是非常庞大的。在执行 Map 和 Reduce 操作之前，用户程序会调用 MapReduce 库将输入的日志文件分成多个数据片段，也称作分片（split）。每个分片的大小默认为 64MB（可以通过改变参数来设置每个分片的大小），每个 split 交由一个 map()函数进行处理。假设 log 日志中数据的格式如下。

```
{day":"2017-03-01","begintime":1488326400000, "endtime":1488327000000,
"CIP":" 10.90.2.13. ",""domain":"com.browser1","activetime":60000}
{day":"2017-03-01","begintime":1488326434000, "endtime":1488367000000,
"CIP" : "10.90.2.13. ",""domain"::"com.browser","activetime":60000}
{day":"2017-03-01","begintime":1488326400000, "endtime":1488327000000,
"CIP" : "10.90.2.13. ",""domain"::"com.browser2","activetime":60000}
```

日志内容包括日期、开始时间、结束时间、访客 IP 和被访问的 URL 等。为展示方便，后续日志格式为访问日期、被访问 URL 和访客 IP。如图 5-1 所示，假设整个日志文件大小为 10GB，每个分片设置为 256MB，则可分为 40 个 split。

每个分片交由一个 map()函数进行处理。在进行 Map 处理之前，我们需要将每个分片转换为键-值对形式，如以行的起始位置作为 Key，行内容作为 Value，形成初始的键-值对，作为 Map 任务的输入。

从图 5-1 可以看到，输入环节主要完成两个操作：一是将输入的 log 日志文件进行分片，二是将每个分片的文本信息转换为初始的<Key,Value>形式，作为 Map 任务的输入。

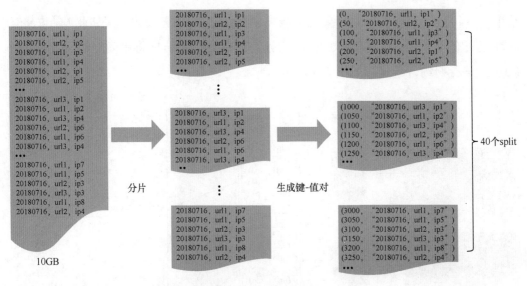

图 5-1 日志文件分片

2. Map 任务

每个分片交给一个 Map 任务进行处理,Map 任务不断地从对应的分片中解析出一个个键-值对,并调用 map()函数进行处理。因为此应用程序是计算 PV,需要的信息是某天被访问的网站 URL 和访客 IP,所以 map()函数实现的是对初始<Key,Value>对的 Value 值进行处理,提取 URL 和 IP 字段,并输出新的键-值对。为方便理解,以被访问的 URL 作为 Key,实际应该将时间和 URL 一起作为组合 Key,Value 为访问的 IP 地址。日志数据经过 Map 任务处理后得到新的键-值对,如图 5-2 中间部分所示。Map 将输出的结果存于 HDFS 中。

3. Shuffle 处理

Shuffle 也叫数据混洗,代表 map()函数产生输出到 Reduce 的输入的整个过程。它首先会对所有的 Map 输出的中间结果按照 Key 进行合并,Key 值相同的中间结果合并到一起,在此例中是将访问 URL 的所有访客 IP 进行合并,然后按 Key 值的大小进行排序。Map 输出的键-值对经过 Shuffle 操作后形成<Key,list of Value>的键-值对,如图 5-2 右边所示。

Shuffle 是 MapReduce 的核心,由 MapReduce 内部代码实现,它的职责是把 Map 的输出结果有效地传递到 Reduce。

4. Reduce 任务

对经过 Shuffle 处理的中间结果,系统根据 Reduce 任务的个数进行分区,每个区对应一个 Reduce 任务,一个 Reduce 任务处理的数据可能包括多个 Map 任务输出的结果，一个 Map 任务输出的结果也可能被多个 Reduce 任务处理。假如此 MapReduce 计算框架有两个节点可提供 Reduce 任务，则根据排序结果将中间结果分配给两个 Reduce 进行归约，其过程如图 5-3 所示。

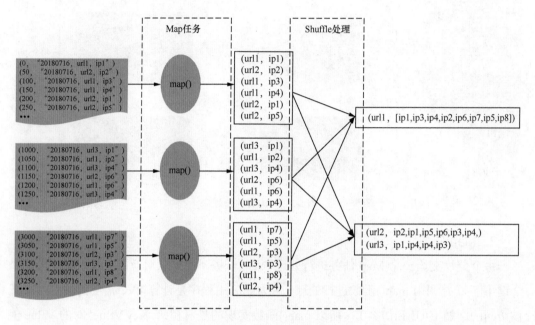

图 5-2　Map 任务和 Shuffle 处理

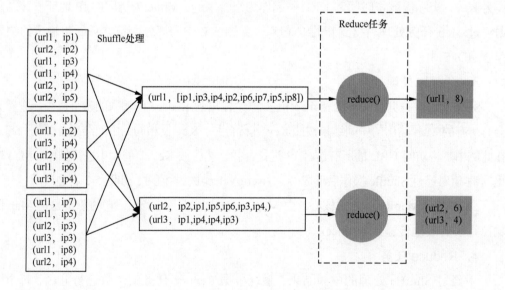

图 5-3　Shuffle 处理和 Reduce 任务

在此网站 PV 统计案例中，最终要获取 URL 的被访问次数，因此 reduce()函数是对被访问的 URL 进行计数的，最终得到被访问的 URL 的排行榜。reduce()函数需要程序员编写完成。

5. 输出

MapReduce 最终的结果存于 HDFS 中，供后续查询分析使用。在实际应用中，一个任务通常需要经过多次 Map 和 Reduce 操作才能完成，是一个迭代执行的过程。

利用分而治之的思想可以将很多复杂的数据分析问题转变为一系列的 MapReduce 作业，利用 Hadoop 提供的 MapReduce 计算框架，实现分布式计算，这样就能对海量数据进行复杂的数据分析，这也是 MapReduce 的意义所在。

5.2.3　MapReduce 的资源管理框架

MapReduce 的资源管理框架随着 Hadoop 的发展发生了变化。在第一代 Hadoop 中，MapReduce 不仅完成分布式计算，同时还负责整个 Hadoop 集群的资源管理和调度，简称 MRv1。MRv1 框架具有多计算框架支持不足的缺点，针对这个缺点，人们提出了全新的资源管理框架——YARN（Yet Another Resource Negotiator）。通过这个组件，在分布式存储（HDFS）的情况下，计算框架可以采取可插拔式的配置。

1. MRv1

首先回顾第一代 MapReduce 的资源管理框架，Hadoop 2.0 后的版本虽然使用新的 YARN 资源调度框架，但它提供了第一代 MRv1 的实现。与 HDFS 相同，MRv1 计算框架是主从架构，支撑 MapReduce 计算框架的是 JobTracker 和 TaskTracker 两类后台进程，如图 5-4 所示。

（1）JobTracker

JobTracker 是集群的主节点，负责任务调度和集群资源监控，并不参与具体的计算。由于一个 Hadoop 集群只有一个 JobTracker，存在单点故障的可能，因此必须运行在相对可靠的节点上。一旦 JobTracker 出错，整个集群所有正在运行的任务将全部失败，这也是 MRv1 的不足之处。

TaskTracker 会通过周期性的 Heartbeat 信息向 JobTracker 汇报当前的健康状况和状态，Heartbeat 信息包括 TaskTracker 自身的计算资源信息、被占用的计算资源信息和正在运行的任务的状态信息。JobTracker 会根据各个 TaskTracker 发送过来的 Heartbeat 信息综合考虑 TaskTracker 的资源剩余量、作业优先级、作业提交时间等因素，为 TaskTracker 分配合适的任务。

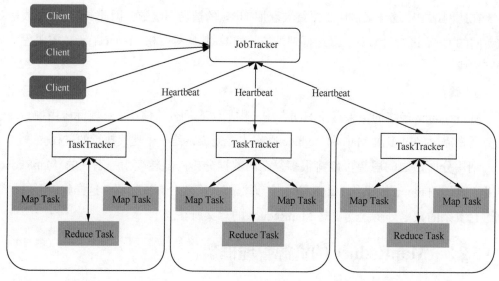

图 5-4　MRv1 架构

（2）TaskTracker

TaskTracker 在集群中是从节点，主要负责汇报 Heartbeat 信息和执行 JobTracker 的命令。一个集群可以有多个 TaskTracker，但一个节点只会有一个 TaskTracker，并且 TaskTracker 和 HDFS 的 DataNode 运行在同一个节点上，这样存储和计算被放在同一节点上，TaskTracker 可以对自身节点上存储的数据进行计算，避免在计算过程中发生数据的迁移。TaskTracer 周期性地向 JobTracker 发送 Heartbeat 信息后，JobTracker 根据 Heartbeat 信息和当前作业的运行情况为 TaskTracker 下达命令，包括启动任务、提交任务、杀死任务、杀死作业和重新初始化 5 种命令。

（3）Client

用户编写的 MapReduce 程序通过客户端提交到 JobTracker。

从图 5-4 可以看到，当用户向 Hadoop 提交一个 MapReduce 作业时，JobTracker 的作业分解模块会将其拆分为多个任务并交由各个 TaskTracker 执行。在 MRv1 中，任务分为两种——Map 任务（Map Task）和 Reduce 任务（Reduce Task）。一个 TaskTracker 能够启动的任务数量由 TaskTracker 配置的任务槽（slot）决定。槽是 Hadoop 的计算资源的表示模型，Hadoop 将各个节点上的多维度资源（CPU、内存等）抽象成一维度的槽，这样就将多维度资源分配问题转换成一维度的槽分配问题。在实际情况中，Map 任务和 Reduce 任务需要的计算资源不同，Hadoop 又将槽分成 Map 槽和 Reduce 槽，并且 Map 任务只能使用 Map 槽，Reduce 任务只能使用 Reduce 槽。Map 槽和 Reduce 槽的数量可以通过配置参数来设置，配置项为 mapred-site.xml 的 mapred.tasktracker.map.tasks.maximum

和 mapred.tasktracker.reduce.tasks.maximum，但是这种设置是静态的，Hadoop 启动后就无法动态更改。

MRv1 的资源管理方案有如下弊端。

（1）槽被设定为 Map 槽和 Reduce 槽，因此，某一时刻 Map 槽或 Reduce 槽会出现紧缺情况，降低了槽的使用率。

（2）不能动态设置槽的数据量，可能会导致一个 TaskTracker 资源使用率过高或过低。

（3）提交的作业是多样化的，如果一个任务需要 1GB 内存，则会产生资源浪费；如果一个任务需要 3GB 内存，则会发生资源抢占。

2. YARN

因为 MRv1 的种种不足，如可靠性差、多计算框架支持不足、资源利用率低，Apache 社区着手下一代 Hadoop 的开发，提出了一个通用的架构——统一资源管理和调度平台，此平台直接导致了 YARN 和 Mesos 的出现。在 MRv2 中，YARN 接管了所有资源管理调度的功能，同时还兼容异构的计算框架，即在 YARN 上不仅可以部署批处理的 MapReduce 计算框架，还可以部署 Spark，支持流式计算和交互式计算框架，如图 5-5 所示。

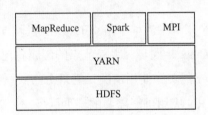

图 5-5　支持多种计算框架的 YARN

YARN 的架构也是主从架构，如图 5-6 所示。YARN 服务由 ResourceManager 和 NodeManager 两类进程组成，Container 是 YARN 的资源表示模型，任何计算类型的作业都可以在 Container 中运行。YARN 是双层调度模型，ResourceManager 是中央调度器，ApplicationMaster 是 YARN 的二级调度器，运行在 Container 中。

（1）ResourceManager

ResourceManager 是集群中所有资源的管理者，负责集群中所有资源的管理。它定期接收各个 NodeManager 的资源汇报信息，并进行汇总，再根据资源使用情况，将资源分配给各个应用的二级调度器 ApplicationMaster。

在 YARN 中，ResourceManager 的主要职责是资源调度。当多个作业同时提交时，ResourceManager 在多个竞争的作业之间权衡优先级并仲裁资源。当资源分配完成后，ResourceManager 不关心应用内部的资源分配，也不关注每个应用的状态，即 ResourceManager

针对每个应用只进行一次资源分配。这样就大大减轻了 ResourceManager 的负荷，同时大大增强了其扩展性。

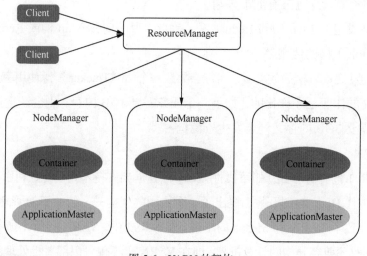

图 5-6　YARN 的架构

（2）NodeManager

NodeManager 是 YARN 集群中的单个节点的代理，管理 YARN 集群中的单个计算节点，负责保持与 ResourceManager 同步，跟踪节点的健康状况；管理各个 Container 的生命周期，监控每个 Container 的资源使用情况，管理分布式缓存并管理各个 Container 生成的日志，提供不同的 YARN 应用可能需要的辅助服务。

Container 是 YARN 的资源表示模型。相比于 MRv1 中的槽资源划分模型，Container 是一种通用的、动态的模型，按照 ApplicationMaster 申请的大小来按需分配内存和 CPU 等，从而可以大大减少资源浪费。管理员只需要设定 Container 资源的最大值，表示该节点有多少资源可供计算框架使用即可。这样单个节点的 Container 数量取决于申请的大小和该节点的 Container 资源量，并不是固定不变的。

（3）ApplicationMaster

ApplicationMaster 是 YARN 架构中比较特殊的组件，其生命周期随着应用的开始而开始，随着应用的结束而结束。它是集群中应用程序的进程。每个应用程序都有自己专属的 ApplicationMaster，不同计算框架如 MapReduce 和 Spark 的 ApplicationMaster 的实现也是不同的。它负责向 ResourceManager 申请资源，在对应的 NodeManager 上启动 Container 来执行任务，同时在应用运行过程中不断监控这些任务的状态。

MRv1 与 YARN 的对比如表 5-1 所示。

表 5-1   MRv1 与 YARN 的对比

项目	MRv1	YARN
调度机制	JobTracker 既负责资源管理又负责任务调度	第一层由 ResourceManager 分配资源，第二层由 ApllicationMaster 对框架的任务进行调度
资源表示模型	槽（slot），是静态的，启动后不可更改，资源利用率低	Container，可根据应用申请的大小决定，是动态改变的
可靠性	JobTracker 出现故障时，整个集群任务执行失败	ResourceManager 仅负责资源管理，当 ResourceManager 发生故障后，ApplicationMaster 正在执行的任务并不会停止，而且 ResourceManger 重启后会迅速获取集群节点的所有状态
扩展性	JobTracker 承担资源管理和作业调度功能，当同时提交的作业过多时，会增加 JobTracker 的负荷，使其成为整个集群的瓶颈，制约集群的扩展	ResourceManager 在应用程序申请完资源后，不再参与作业任务的调度，减少了 ResourceManager 的负担，可以扩展更多节点
支持的计算框架	MapReduce	支持 MapReduce、Spark 等各种类型的计算框架

5.3　Spark

5.2 节介绍了 MapReduce 批处理计算框架，但是实际应用中批处理只支持部分应用场景，且 MapReduce 批处理的速度比较慢，无法满足应用的需求。因此，人们设计了 Spark 计算框架。它拥有 Hadoop MapReduce 所具有的优点，并且弥补了 Hadoop MapReduce 中的诸多缺陷。

5.3.1　Spark 的基本知识

Spark 是通用的并行计算框架，由加州大学伯克利分校的 AMP 实验室开发于 2009 年，并于 2010 年开源，2013 年成长为 Apache 旗下的大数据领域活跃的开源项目之一。Hadoop 用于高吞吐、批量处理的业务场景，如 5.2 节举例的离线计算网站 UV。但如果需要实时查看网站浏览量统计信息，Hadoop 就无法满足，而 Spark 通过内存计算能极大地提高大数据处理速度，能够满足此要求。同时，Spark 还支持流式计算、SQL 查询、机器学习等。总体来说，Spark 具有以下特点。

1. 快速处理能力

MapReduce 在处理数据过程中，中间输出和结果都被存储在 HDFS 中，读/写 HDFS

容易造成磁盘 I/O 瓶颈。Spark 允许将中间输出和结果存储在内存中，避免了大量的磁盘读/写。同时，Spark 自身的 DAG 执行引擎也支持数据在内存中的计算。Spark 的处理速度比 Hadoop 快 100 倍，即使内存不足，需要磁盘 I/O，Spark 的处理速度也比 Hadoop 快 10 倍以上。

2. 易于使用

Spark 支持 Java、Scala、Python 和 R 等语言编写应用程序，大大降低了使用者的门槛。MapReduce 计算框架提供了 map() 和 reduce() 函数给使用者，但是并不是所有的应用都可以简化为这两个函数来实现。而且，Spark 提供了 80 多个高等级操作符，允许使用者在 Scala、Python、R 的 shell 中进行交互式查询。

3. 通用性强

除了 Spark Core 支持批量数据处理，Spark 还支持实时的流式计算。Spark 依赖 Spark Streaming 对数据进行实时处理，其流式处理能力可媲美 Storm。Spark 还支持利用 SQL 及 HiveSQL 进行数据查询、图计算和机器学习等功能。

4. 可用性高

Spark 自身实现了 Standalone 部署模式，此模式下的主节点可以有多个，解决了单点故障问题。Spark 可以运行在 Hadoop YARN、Mesos 等统一资源管理调度平台上，甚至还可以运行在 EC2 这种云计算服务上。Spark 除了访问操作系统自身的文件系统和 HDFS 的数据源以外，还可以访问 HBase、Hive、Cassandra 等任何 Hadoop 的数据源，这对于使用 HDFS、HBase 的用户迁移到 Spark 提供了极大的便利。

Spark 在 2009 年被首次开发出来时，并不被行业所熟知，直至 2013 年在世界级排序大赛中取得傲人的成绩而声名鹊起，现在依然被广泛使用，目前 Spark 的版本是 2.2.2。下面介绍一些基本概念，有些概念如 RDD、Partition 等会在 5.3.3 节做详细介绍。

（1）RDD（Resillient Distributed Dataset）：弹性分布式数据集。

（2）Task：具体的执行任务，分为 ShuffleMapTask 和 ResultTask 两种，分别类似于 Hadoop 的 Map 和 Reduce。

（3）Job：用户提供的作业，一个 Job 由一个或多个 Task 组成。

（4）Stage：Job 分成的阶段，一个 Job 可能被划分为一个或多个 Stage。

（5）Partition：数据分区，一个 RDD 的数据可以划分为多个分区。

（6）宽依赖：子 RDD 对父 RDD 中的所有 Partion 都有依赖。

（7）窄依赖：子 RDD 依赖于父 RDD 中固定的 Partition。

（8）DAG（Directed Acycle Graph）：有向无环图，用于反映各 RDD 之间的依赖关系。

5.3.2　Spark 的生态系统

Spark 的生态系统以 Spark Core 为核心，能够读取传统文件、HDFS、HBase 等数据源，利用 Standalone、YARN、EC2 和 Mesos 等资源调度管理，完成应用程序的分析与处理。这些应用程序来自 Spark 的不同组件，如 Spark shell 交互式批处理方式、Spark Streaming 的实时流处理应用、Spark SQL 的即席查询，MLib 的机器学习、GrapX 的图处理等。图 5-7 所示的 Spark 生态系统实现了"在一套软件栈内完成不同的大数据分析任务"。

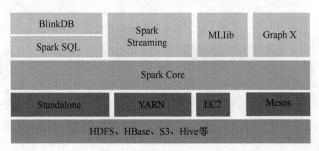

图 5-7　Spark 生态系统

1. Spark Core

Spark Core 是整个生态系统的核心组件，是一个分布式大数据处理框架。它提供了资源调度管理，通过内存计算、DAG 等机制，保证快速的分布式计算，并引入了 RDD 的抽象，保证数据的高容错性。

Spark Core 提供了多种运行模式，系统不仅可以使用自身运行模式处理任务，而且可以用第三方资源调度框架来处理任务，如 YARN、Mesos 等。相比而言，第三方资源调度框架能够更细粒度地管理资源。

Spark Core 提供了有向无环图的分布式并行计算框架，并提供内存机制来支持多次迭代计算或数据共享，大大减少了迭代计算之间数据读/取的开销。另外，在任务处理过程中，"计算向数据靠拢"，RDD Partition 可以就近读取分布式文件系统中的数据块到各个节点内存中进行计算。

人们在 Spark 中引入了 RDD 的抽象，它是分布在一组节点中的只读对象集合。这些集合是弹性的，如果数据集一部分丢失，我们可以根据转换过程对它们进行重建，保证了数据的高容错性。

2. Spark Streaming

Spark Streaming 是一个实时流式处理系统，针对实时数据流进行高吞吐、高容错的处理，可以对多种数据源如 Kafka、Flume 或 TCP sockets 等进行类似于 Map、Reduce 和

Join 等复杂操作，并将结果保存到文件系统、数据库或应用程序的实时仪表盘中。

Spark Streaming 提供的处理引擎和 RDD 编程模型可以同时进行批处理和流处理，它使用的是数据离散化处理方式，能够进行秒级以下的数据批处理。在 Spark Streaming 处理过程中，Receiver 并行接收数据，并将数据缓存至 Spark 工作节点的内存中。经过系统延迟优化后，Spark 引擎能够对短任务进行批处理。Spark 可基于数据的来源及可用资源情况，将任务动态地分配给工作节点，如图 5-8 所示。

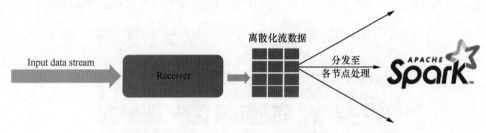

图 5-8　Spark Streaming 的处理架构

使用离散化流数据使 Spark Streaming 具有以下优点。

（1）动态负载均衡

Spark Streaming 将数据划分为小批量，通过这种方式可以实现对资源更细粒度的分配。它将作业任务动态地分配给各个节点。如果某任务处理时间较长，则分配的任务数量会少些；如果处理时间短，则分配的任务数将更多。这样避免了某个节点因计算压力过大而超出负荷，成为系统瓶颈，进而拖慢整个系统的处理速度的情况发生。

（2）快速故障恢复

在 Spark 中，计算任务将被分成许多小任务，保证在任何节点运行后能够正确进行合并。在某节点出现故障时，Spark 将这个节点的任务均匀地分散到集群中的其他节点，以进行计算，而不是将此故障节点的任务发送给新的节点重新计算，避免整个系统因等待此新节点完成计算而延迟其他任务的执行，这样能更快地从故障中恢复。

3. Spark SQL

Spark SQL 的前身是 Shark，即 Hive on Spark，本质是通过 HiveQL 进行解析，把 HiveQL 翻译成 Spark 上对应的 RDD 操作，然后通过 Hive 的元数据信息获取数据库里的表信息，最后由 Shark 获取并放到 Spark 上运算。

Spark SQL 允许开发人员直接处理 RDD，也可查询在 Hive 上存储的外部数据。Spark SQL 的一个重要特点是能够统一处理关系表和 RDD，使开发人员可以轻松地使用 SQL 命令进行外部查询，同时进行更复杂的数据分析。

4. BlinkDB

BlinkDB 是一个用于在海量数据上运行交互式 SQL 查询的大规模并行查询引擎，允许用户通过权衡数据精度来提升查询响应时间，其数据的精度被控制在允许的误差范围内。BlinkDB 采用自适应的优化框架，从原始数据随着时间的推移建立并维护一组多维样本，且遵循动态样本选择策略。

5. MLlib

MLlib 是 Spark 提供的机器学习框架。它的目标是让机器学习的门槛更低，让一些可能并不了解机器学习的用户能够使用 MLlib。MLlib 目前已经提供了基础统计、分类、回归、决策树、随机森林、朴素贝叶斯、协同过滤、聚类、维数缩减、特征提取与转型、频繁模式挖掘等多种数理统计、概率论、数据挖掘方面的数学算法。

6. GraphX

GraphX 是分布式图计算框架。它提供了对图的抽象 Graph，Graph 由顶点、边及边权值 3 种结构组成。对 Graph 的所有操作最终都会转换成 RDD 操作来完成，即对图的计算在逻辑上等价于一系列的 RDD 转换过程。目前，GraphX 已经封装了最短路径、网页排名、连接组件、三角关系统计等算法的实现，用户可自行选择使用。

以上 Spark Steaming、Spark SQL、GraphX、MLlib、BlinkDB 的功能都是在核心引擎的基础上实现的。

5.3.3　Spark 的架构与原理

1. 基本架构

Spark 集群的运行模式有多种，但 Spark 的基本架构都是相似的，如图 5-9 所示。

（1）Cluster Manager

它是 Spark 的集群管理器，负责资源的分配与管理。Cluster Manager 属于一级分配，它将各个 Worker 上的内存、CPU 等资源分配给应用程序。YARN、Mesos、EC2 等都可以作为 Spark 的集群管理器，如 YARN 的 ResourceManager 可以作为 Spark 的 Cluster Manager 使用。

（2）Worker

Worker 是 Spark 的工作节点。对 Spark 应用程序来说，由 Cluster Manager 分配得到资源的 Worker 节点主要负责创建 Executor，将资源和任务进一步分配给 Executor，并同步资源信息给 Cluster Manager。在 Spark on YARN 模式下，Worker 就是 NoteManager 节点。

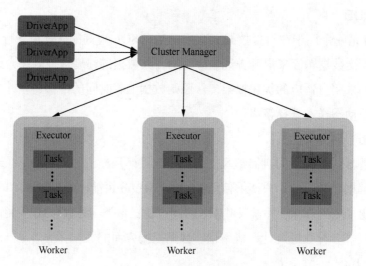

图 5-9　Spark 的基本架构

（3）Executor

Executor 是具体应用运行在 Worker 节点上的一个进程，该进程负责运行某些 Task，并且负责将数据存到内存或磁盘上，每个应用都有各自独立的一批 Executor。Executor 同时与 Worker、Driver App 保持信息的同步。

（4）DriverApp

它属于客户端驱动程序，用于将任务程序转化为 RDD 和 DAG，并与 Cluster Manager 进行通信与调度。

2. 工作流程

Spark 的工作流程如图 5-10 所示。

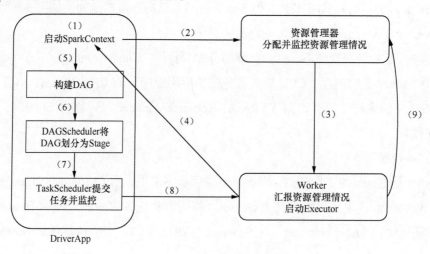

图 5-10　Spark 的工作流程

（1）构建 Spark 应用程序的运行环境，启动 SparkContext。

（2）SparkContext 向资源管理器申请运行 Executor 资源。

（3）资源管理器分配资源给 Executor，并由 Worker 启动 Executor。

（4）Executor 向 SparkContext 申请 Task 任务。

（5）SparkContext 根据应用程序构建 DAG。

（6）将 DAG 划分为多个 Stage。

（7）把每个 Stage 需要的任务集发送给 TaskScheduler。

（8）TaskScheduler 将 Task 发送给 Executor 运行，Executor 在执行任务过程中需要与 DriverApp 通信，告知目前任务的执行状态。

（9）Task 在 Executor 上运行完后，释放所有资源。

5.3.4　Spark RDD 的基本知识

1. RDD 的定义

RDD（Resilient Distributed Datasets）是一种可扩展的弹性分布式数据集，是 Spark 最基本的数据抽象，表示一个只读、分区且不变的数据集合，是一种分布式的内存抽象。RDD 不具备 Schema 的数据结构，可以基于任何数据结构创建，如 tuple（元组）、dict（字典）和 list（列表）等。

与 RDD 类似的分布式共享内存（Distributed Shared Memory，DSM）也是分布式的内存抽象，但两者是不同的。与 DSM 相比，RDD 模型有两个优势：①RDD 中的批量操作在运行时会根据数据存放的位置来调度任务；②对扫描类型的操作，如果内存不足以缓存整个 RDD，就进行部分缓存，避免内存溢出。RDD 与 DSM 的主要区别如表 5-2 所示。

表 5-2　RDD 与 DSM 的主要区别

项目	RDD	DSM
读	批量或细粒度读操作	细粒度读操作
写	批量转换操作	细粒度转换操作
一致性	RDD 是不可更改的	取决于应用程序或运行时
容错性	细粒度，低开销使用 Lineage	需要检查点操作和程序回滚
落后任务的处理	任务备份，重新调度执行	很难处理
任务安排	基于数据存放的位置自动实现	取决于应用程序或运行时

RDD 具有以下特点。

（1）Partition（译为分区或分片）是 Spark 数据集的基本组成单位。当 Spark 集群读取一个文件时，系统会根据具体的配置将文件加载到不同节点的内存中，每个节点中的数据就是一个分片。对 RDD 来说，每个分片都会被一个计算任务处理，并决定并行计算的粒度。用户可以在创建 RDD 时指定 RDD 的分片个数，默认分片个数与 CPU 核心个数相同。

（2）在 Spark 中，RDD 的计算是以分片为单位的，每个 RDD 都会实现计算函数，以达到 RDD 的转换操作。计算函数会对迭代器进行复合，不需要保存每次计算的结果。

（3）RDD 的每次转换都会生成一个新的 RDD，所以 RDD 之间就会形成类似于流水线的前后依赖关系。在部分分区数据丢失时，Spark 可以通过这个依赖关系重新计算丢失的分区数据，而不是对 RDD 的所有分区进行重新计算。

（4）当前，Spark 实现了两种类型的分片函数，一个是基于哈希的 HashPartitioner，另外一个是基于范围的 RangePartitioner。只有对 Key-Value 的 RDD，才会有 Partitioner，非 Key-Value 的 RDD 的 Parititioner 的值是 None。Partitioner 函数不但决定了 RDD 本身的分片数量，也决定了 parent RDD Shuffle 输出时的分片数量。

（5）列表，允许存储/读取每个 Partition 的优先位置（Preferred Location）。对一个 HDFS 文件来说，这个列表保存的就是每个 Partition 所在的块的位置。按照"移动数据不如移动计算"的理念，Spark 在进行任务调度的时候，会尽可能地将计算任务分配到其所要处理数据块的存储位置。

2. RDD 的操作类型

在 Spark 编程中，开发者需要编写 DriverApp 来连接 Worker。DriverApp 定义一个或多个 RDD 及相关的行动操作。Worker 将经过一系列操作后的 RDD 分区数据保存在内存中。在 Spark 中，RDD 的操作大致可以分为 4 类，分别为创建（Create）、转换（Transformation）、控制（Contral）和行动（Action）。

（1）创建

创建操作用于创建 RDD。RDD 的创建只有两种方式，一种是把来自于外部存储系统的数据集合到内存，另一种是通过转换操作生成 RDD。

（2）转换

它将 RDD 通过一定的操作变换成新的 RDD，如 Hadoop RDD 可以使用 Map 操作变换为 Mapped RDD。转换操作是惰性操作，只是定义了一个新的 RDD，并没有立即执行。

（3）控制

控制操作进行 RDD 的持久化，可以让 RDD 按不同的存储策略保存在磁盘或内存中。

（4）动作

它是能够触发 Spark 运行的操作，如对 RDD 进行 Collect 是动作操作。

3. RDD 的依赖关系

RDD 只支持粗粒度转换，即在大量记录上执行的单个操作，将创建 RDD 的一系列 Lineage（即血统）记录下来，以便恢复丢失的分区。RDD 的 Lineage 会记录 RDD 的元数据信息和转换行为，当该 RDD 的部分分区数据丢失时，它可以根据这些信息来重新运算和恢复丢失的数据分区。

一个 RDD 包含一个或多个分区，RDD 的每个分区分布在集群的不同节点中，每个分区实际是一个数据集合的片段。在构建 DAG 的过程中，系统会将 RDD 用依赖关系串联起来。每个 RDD 都有其依赖，除了最顶级的 RDD，这些依赖分为窄依赖和宽依赖。窄依赖指每个父 RDD 的分区都至多被一个子 RDD 的分区使用；而宽依赖指多个子 RDD 的分区依赖一个父 RDD 的分区。例如，Map、Filter 操作是一种窄依赖，而 Join、GroupByKey 操作属于宽依赖，如图 5-11 所示。

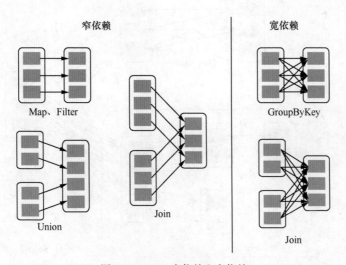

图 5-11　RDD 窄依赖和宽依赖

之所以划分为两种依赖形式，是因为这样划分比较有用。第一，从功能角度讲，窄依赖允许在单个集群节点上流水线式地执行，这个节点可以计算所有父级分区。例如，可以逐个元素地依次执行 Filter 和 Map 操作，窄依赖就会被划分到同一个 Stage 中，以管道的方式迭代执行；而宽依赖需要所有的父 RDD 可用，所以往往需要跨节点传输。第二，从容灾角度讲，在节点失败后，窄依赖只需要重新执行父 RDD 的丢失分区的计算即可恢复；而宽依赖则需要考虑恢复所有父 RDD 的丢失分区。

4. RDD 的作业调度

当对 RDD 执行转换操作时，调度器会根据 RDD 的"血统"来构建由若干 Stage 组成的 DAG，每个 Stage 包含尽可能多的连续窄依赖转换。调度器按照 DAG 的顺序进行计算，并最终得到目标结果。

调度器根据数据存储位置向各节点分配任务，并采用延时调度机制。例如，某个任务需要处理的某个分区刚好存储在某个节点的内存中，则该任务会分配给节点；如果内存不包含该分区，调度器会找到包含该 RDD 的较佳位置，并把任务分配给其所在节点。

图 5-12 展示了 Spark 中的 RDD 作业调度 DAG，其中有 A、B、C、D、E、F、G 这 7 个 RDD，每个 RDD 有多个分区。在这个图中，系统根据 RDD 的宽依赖将整个作业分为 3 个 Stage，其中 Stage 2 内部的窄依赖则以流水线的形式执行，Stage 1 与 Stage 2 执行完成后执行 Stage 3。

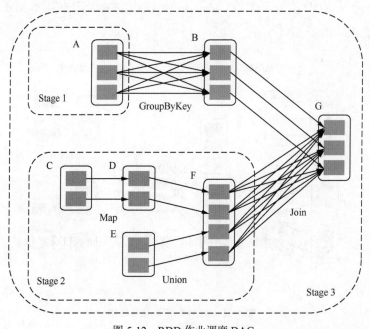

图 5-12　RDD 作业调度 DAG

对执行失败的任务，只要它对应调度阶段的父类信息仍然可用，该任务就会被分散到其他节点重新执行。如果某些调度阶段不可用，如 Map 节点的输出丢失了，则重新提交相应的任务，并以并行方式计算丢失的分区。在作业中，如果某个任务执行缓慢，系统会在其他节点上执行该任务的副本，取最先得到的结果作为最终结果。

习 题

5-1 大数据的计算框架有哪几类?

5-2 MapReduce 的核心思想是什么?

5-3 请简单图示 MapReduce 的基本工作原理。

5-4 MRv1 与 YARN 的不同之处有哪些?

5-5 Spark 相比 Hadoop 的优势有哪些?

5-6 Spark 大数据平台涵盖了哪些有用的大数据分析工具?

本章参考文献

[1] 梁明煌，吴航. Hadoop 技术在移动支付行业的应用[J]. 中国新通信，2016，18（01）：79-81.

[2] 常广炎，李逦. 大数据查询与分析技术——SQL on Hadoop[J]. 软件导刊，2016，15（04）：13-15.

[3] 吕江波，张永忠. Hadoop 支持下海量出租车轨迹数据预处理技术研究[J]. 城市勘测，2016（03）：46-49.

[4] 夏靖波，韦泽鲲，付凯，等. 云计算中 Hadoop 技术研究与应用综述[J]. 计算机科学，2016，43（11）：6-11+48.

[5] 胡舜耕，魏进武. 大数据及其在电信运营中的应用研究[J]. 电信技术，2015（01）：14-17.

第6章
数据挖掘

数据挖掘（Data Mining，DM）是一门多学科交叉应用技术，对各行各业的决策支持活动起着至关重要的作用。本章首先介绍数据挖掘的基本概念、数据挖掘系统的组成，以及数据挖掘的对象与价值，然后介绍数据挖掘的常用技术与工具，最后简单介绍数据挖掘的典型应用。

本章主要内容如下。

（1）数据挖掘的概念。

（2）数据挖掘常用的技术与工具。

6.1　什么是数据挖掘

随着计算机与信息技术的飞速发展和深入普及，来自商业、医疗、科学、社会及日常生活中无处不在的数据，其数量正以指数形式增长，各行各业的数据规模已从 GB 级别上升到 TB、PB 级别。面对如此快速扩张的"数据海洋"，如何有效挖掘其中蕴含的丰富的宝藏，已成为人们越来越关注的焦点。

面对数量如此巨大的数据资源，传统的数据分析工具和方法，已经无法有效地为决策者提供其决策支持所需要的相关知识，但各个行业又面临着将这些数据资源转换为有用的信息和知识的迫切需求。人们期望有这样一种技术，能从这些大量数据中去粗求精、去伪存真。这种期望和需求使从数据库中挖掘信息的核心技术——数据挖掘应运而生。可以这样说，数据挖掘其实就是从大量数据中找出对人们有用的信息的过程。数据挖掘是数据库研究、开发和应用最活跃的分支。

数据挖掘（Data Mining，DM）又被称为数据库中的知识发现（Knowledge Discovery

from DataBase，KDD），是指从大量数据中提取隐含的、先前未知的、有价值的知识和规则。它是人工智能和数据库发展相结合的产物，是国际上数据库和信息决策系统较前沿的研究方向之一。

从大量数据中找出对人们有用的信息的整个过程，是一个知识挖掘的过程，而数据挖掘只是其中的一个步骤。在进行数据挖掘之前，先要对数据进行采集、预处理及存储，再使用数据挖掘技术，提取有用的信息。

如图 6-1 所示，整个知识挖掘过程由如下 6 个步骤组成。

（1）数据清洗（Data Cleaning），即对采集到的数据做预处理，清除无效数据及与目标无关的数据。

（2）数据集成（Data Integration），即将来自多个数据源的数据集中在一起。

（3）数据转换（Data Transformation），即将数据转换为易于挖掘和分析的格式进行存储。

（4）数据挖掘（Data Mining），即利用有效的算法和工具挖掘出潜在的知识和规则。

（5）模式评估（Pattern Evaluation），即根据一定的评估标准从挖掘出的结果中筛选出满足条件的知识。

（6）知识表示（Knowledge Presentation），即利用可视化的方式展示所挖掘出的知识。

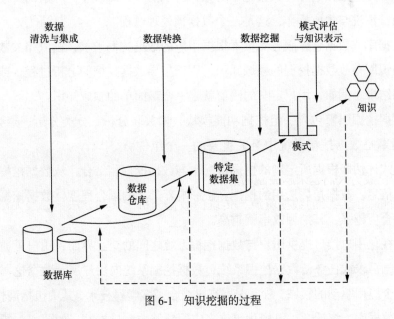

图 6-1　知识挖掘的过程

虽然数据挖掘只是整个知识挖掘过程中的一个重要步骤，但是由于目前计算机信息研究领域中，人们习惯于用"数据挖掘"默认表示整个知识挖掘过程，因此，数据挖掘就是从数据库、数据仓库或其他信息资源库中发现有用的知识。

图 6-2 所示为一个典型的数据挖掘系统，主要包括如下组件。

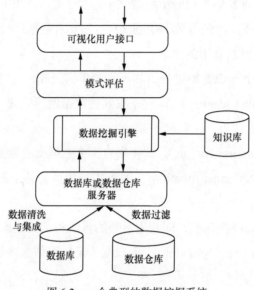

图 6-2　一个典型的数据挖掘系统

（1）数据库、数据仓库即数据挖掘对象，可以有一个或多个。一般需要对采集到的数据进行数据清洗与集成操作，这是一个数据预处理过程。

（2）数据库或数据仓库服务器负责根据用户的数据挖掘请求，读取相关数据。

（3）知识库存放数据挖掘的领域知识，用于指导数据挖掘的分析过程，或者用于协助评估挖掘结果。例如，用户定义的阈值就是一个最简单的领域知识。

（4）数据挖掘引擎包含一组挖掘功能模块，如关联分析、分类分析、聚类分析等。数据挖掘引擎是数据挖掘系统中至关重要的一个组件。

（5）模式评估即根据所定制的挖掘目标，与数据挖掘相结合，从数据挖掘的结果中获取有用的信息。数据挖掘选用的挖掘算法影响着二者的耦合程度，数据挖掘算法与模式评估的耦合度越强，其挖掘效率就越高。

（6）可视化用户接口提供用户与数据挖掘系统之间的交互界面，用户可通过可视化接口提交挖掘需求或任务给数据挖掘系统，数据挖掘系统向用户展示数据挖掘结果。

作为一个应用驱动的领域，数据挖掘有机结合了多学科技术，其中包括高性能计算、机器学习、数据库、统计学、可视化等许多应用领域的大量技术，如图 6-3 所示。这些技术都促进了数据挖掘技术的发展。

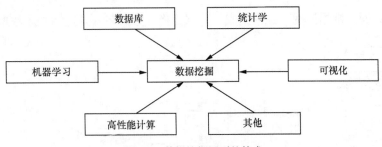

图 6-3　数据挖掘用到的技术

数据挖掘的对象都是大规模数据，所使用的算法具备高效性和可扩展性。通过数据挖掘，系统可发现有用的知识、规律、规则等，并用可视化的方式呈现给用户查看。所挖掘出的信息可用于决策支持、过程监控、行为预测等。因此，数据挖掘是信息领域最重要、最有前途的一门交叉学科。

6.2　数据挖掘的对象与价值

6.2.1　数据挖掘的对象

原则上，数据挖掘可以基于任何类型的信息存储数据进行挖掘，如关系型数据库、数据仓库、面向对象数据库等。挖掘的挑战和技术因存储系统的不同而不同。

1. 关系型数据库

数据库系统也被称为数据库管理系统（DataBase Management System，DBMS），是用于创建、使用和维护数据库的大型软件，能够确保数据的一致性、安全性和完整性。

关系型数据库是表的集合，每个表有唯一的名字和一组属性，并可存放大量的记录。用户可提出问题，将其转化为 SQL 语句进行查询，如"列出上一个季度销售的所有商品列表"。SQL 支持聚集函数，如 sum（求总和）、avg（求平均）、count（求计数）、max（求最大值）、min（求最小值）。因此，用户也可以这样提问："哪个月的销售额最高？"

关系型数据库是数据挖掘最流行、最丰富的数据源，是数据挖掘研究的主要对象。

2. 数据仓库

某跨国公司 A 在世界各地都有分公司，每个分公司都有自己的数据库，每个数据库的物理存放地也不同。现在总公司要求汇总公司第二季度每种商品、每个分公司的销售情况。这就需要一个数据仓库，从各个分公司收集数据，通过一致的模式进行存储，如图 6-4 所示。数据仓库通过数据清洗、数据集成、数据变换、数据装入并定期刷新数据。

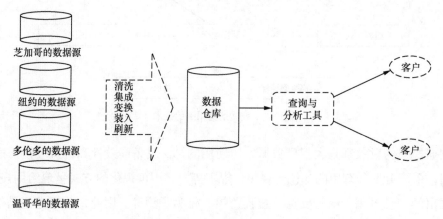

图 6-4　数据仓库示例

数据仓库一般用多维数据库结构建模，每个维度对应一组属性。数据集市是数据仓库的一个子集。

3. 面向对象数据库

面向对象数据库是基于面向对象程序设计的，其将一个实体看作一个对象，如每个顾客、商品都可以当作一个对象，一个对象的相关属性和行为都被封装在一个单元中。

面向对象数据库将具有公共特性的对象归入一个类，每个对象都是这个类的一个实例。类可以生成子类，子类可以继承父类的公共特性，又可以有自身的特性。

除了关系型数据库、数据仓库、面向对象数据库的数据外，还有许多其他类型数据。这些数据具有各种各样的形式和结构，有很多不相同的语义，如图 6-5 所示。

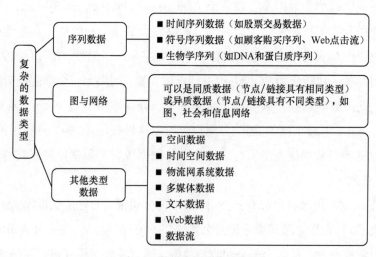

图 6-5　数据挖掘的数据类型

6.2.2　数据挖掘的价值

可以从技术价值、商业价值、行业价值、社会价值 4 个方面来探讨数据挖掘的价值。

大数据有一个经典理论——"三重门"。"三重门"即"交易门""交互门""公开市场门"，与数据挖掘的技术价值、商业价值、行业价值一一对应。

1. 技术价值

数据挖掘与数学、统计学、计算机学、算法等基本理论知识无法分割。数据挖掘技术水平的突飞猛进也给基础学科领域带来最直接的跃进。数据挖掘不仅创造了新的计算方式、技术处理方式，更为其他技术的研发、应用和落地提供了基础，如人工智能等。

大数据"三重门"理论的"交易门"是数据挖掘技术价值的核心映射。

"交易门"是客户与企业之间的交易数据，是一种"事后"数据。"交易门"数据是企业的核心数据，是与客户沟通、获得有效分析数据的重要数据来源，无论大数据采集技术如何发展，直接的交易数据永远都是最有效和最值得关注的。

网购的交易分析报告提到，大额买单后的二次重购和同店重购比例分别为 25.0% 和 16.8%，要明显高于普通买单后二次重购和同店重购的比例（18.8% 和 10.7%），表示买家在首次买单获取了对商品质量和卖家服务的信任后，次单完全存在放大金额的可能，并且比普通买单的概率高得多。由此引导卖家增进服务、坚守质量，并适时推出捆绑推荐，以提高同类商品同店大额下单的概率。

目前，很多传统企业的大数据技术能力并没有完全建立起来，难以获取有效数据并加以分析利用。因此，这些企业可以求助一些提供大数据服务的新型公司（如北京春雨、数据堂、TalkingData、中科曙光等）获取相关技术上的支持。

2. 商业价值

目前，数据挖掘在很多领域都发挥着作用，尤其在银行、电信、保险、交通、购物等商业应用领域。数据挖掘能帮助我们解决许多典型的商业问题，其中包括数据库营销、客户群体划分，背景分析、交叉销售等市场分析行为，以及客户流失性分析、客户信用评估、欺诈发现等。

大数据的第二重门——"交互门"映射了数据挖掘的商业价值。

"交互门"是企业与客户的交互数据，如用户浏览 App 或网页的痕迹等，这些数据本身代表的是客户的行为、兴趣、习惯。

正是由于消费者过去的行为是其今后消费倾向的最好说明，数据挖掘通过收集、加工和处理涉及消费者行为的大量信息，确定特定消费群体或个体的消费习惯，对所识别出来的消费群体进行特定内容的定向营销。这与传统的不区分消费者对象特征的大规模无目的的营销手段相比，大大节省了营销成本，提高了营销效果，从而可以为企业带来更多的利润。

数据挖掘让业务更高效、更精准、更低成本、更有据可依、更便于优化、更利于长远发展，可带来不可估量的实际商业价值。

例如，某食品公司通过收集客户信息及其销售记录，建立了一个 5000 万客户资料的数据库，通过数据挖掘了解特定客户的兴趣和口味后，向他们发送特定产品的优惠券，并推荐符合客户口味和健康状况的产品。

3. 行业价值

大数据的第三重门——"公开市场门"则映射了数据挖掘的行业价值。

"公开市场门"是客户在一个开放市场中的各种行为数据，其大部分不直接与特定企业（行业）相关，但它能在很大程度上引导企业各种业务的开展方向，为整个行业的走向提供社会趋向指导。

例如，微信流量、微博流量、区域偏好、移动数据、娱乐项目偏好等数据，能勾勒客户的个人心理画像，展现行业发展在市场反馈中体现的影响和人们的态度趋向。

通过数据挖掘发现，2015 年我国成年国民图书阅读率为 58.4%，较 2014 年上升了 0.4 个百分点。从阅读量来看，2015 年我国成年国民人均纸质图书阅读量为 4.58 本，与 2014 年相比增加了 0.02 本，但与 2013 年的 4.77 本相比，有略微下降。报纸和期刊阅读量分别为 54.76 期和 4.91 期，与 2014 年相比，也出现了不同程度的下降。

假设你所在的企业不属于图书业、报刊业，甚至不属于文化业，也许是电子产业、餐饮行业、服装行业等，虽然这则大数据信息与你的行业不直接相关，但你可以从中得知广告投入的渠道选择变化趋势并采取相应的调整措施。

另外，移动数据越来越成为大数据领域关注的焦点。随着智能手机的普及，移动应用的数量不断增多，移动端数据量与日俱增，与以往的业务数据不同，这些数据更加个人化，也更适合应用于各种不同场景。例如，媒体公司往往会选择在 8 点至 9 点上班高峰期人人埋头看手机的时候，发布流量文章；地图导航软件会在用户到一个新的城市时，推送城市的游玩攻略及美食地图。

4. 社会价值

大数据为人的生活带来的不仅是便利，还有紧密的生活服务网络。毫无疑问，大数据的数据挖掘技术的发展，促进了人类社会的进步，所带来的社会价值不可估量。

6.3　数据挖掘常用的技术

6.3.1　关联分析

关联分析（Association Analysis）是一种简单且实用的分析技术，就是发现大量数据中隐藏的关联性和相关性，进而描述出一个事物中某些属性同时出现的规律和模式，这些规律和模式就是关联规则。关联分析广泛用于市场营销、事务分析等应用领域。关联分析在商业领域的成功应用，使它成为数据挖掘中最成熟、最活跃的一个分支。

在图 6-6 中，t1～t7 分别表示 7 位不同的顾客一次在商场购买的所有商品。

定义一个规则"牛肉–>鸡肉"，在 t1～t7 位顾客中，同时购买牛肉和鸡肉的顾客比例为 3/7，而购买牛肉的顾客中也购买了鸡肉的顾客比例是 3/4。这两个比例参数在关联规则中被称作支持度（support）和置信度（confidence），是最重要的两个衡量指标。

对于规则"牛肉–>鸡肉"，支持度为 3/7，表示在所有顾客中有 3/7 同时购买牛肉和鸡肉，反映了同时购买牛肉和鸡肉的顾客在所有顾客中的覆盖范围；置信度为 3/4，表示在买了牛肉的顾客中有 3/4 的人买了鸡肉，反映了可预测的程度，即顾客购买了牛肉的同时，购买鸡肉的可能性有多大。

从统计学的角度看，这是一个概率问题，"顾客买了牛肉之后购买鸡肉的可能性"是一个条件概率事件，从集合的角度（见图 6-7）可以很好地描述这个问题。S 表示所有的顾客，A 表示购买牛肉的顾客，B 表示购买鸡肉的顾客，C 表示既买了牛肉又买了鸡肉的顾客，那么，C.count/S.count= 3/7，C.count/A.count=3/4。

TID	购物清单
t1	牛肉、鸡肉、牛奶
t2	牛肉、奶酪
t3	奶酪、靴子
t4	牛肉、鸡肉、奶酪
t5	牛肉、鸡肉、衣服、奶酪、牛奶
t6	鸡肉、衣服、牛奶
t7	鸡肉、牛奶、衣服

图 6-6　一份购物清单

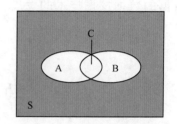

图 6-7　从集合角度看待关联规则

结合以上例子，在数据挖掘中，有如下定义。

（1）事务：一条交易被称为一个事务，如每位顾客一次购买的商品集合 t1～t7。

（2）项：交易的每一个物品被称为一个项，如鸡肉、牛肉。

（3）项集：包含零个或多个项的集合被称为项集，如{牛肉,鸡肉,衣服}。

（4）k-项集：包含 k 个项的项集被称为 k-项集，如{牛肉}叫作 1-项集，{牛肉,鸡肉}叫作 2-项集。

（5）支持度计数：一个项集出现在多少个事务中，它的支持度计数就是多少。例如，{牛肉}出现在 t1、t2、t4、t5 这 4 个事务中，那么它的支持度计数为 4。

（6）支持度：支持度为支持度计数除以总的事务数。例如：以上总的事务数为 7，{牛肉}的支持度计数为 4，那么，{牛肉}的支持度是 4/7，说明 4/7 的人购买牛肉。

（7）频繁项集：支持度大于或等于某个阈值的项集即为频繁项集。例如，设置阈值为 50%时，{牛肉}的支持度为 4/7=57%>50%，那么，{牛肉}是频繁项集。

（8）前件、后件：于规则"{牛肉}−>{鸡肉}"，{牛肉}是前件，{鸡肉}是后件。

（9）置信度：对规则"{牛肉}−>{鸡肉}"，{牛肉,鸡肉}的支持度计数除以{牛肉}的支持度计数，即为这个规则的置信度。{牛肉,鸡肉}的支持度计数为 3，{牛肉}的支持度计数为 4，那么，置信度为 3/4。

（10）强关联规则：大于或等于最小支持度阈值和最小置信度阈值的规则被称为强关联规则。

关联分析的最终目标就是要找出强关联规则。

支持度和置信度只是两个参考值而已，并不是绝对的，也就是说，假如一条关联规则的支持度和置信度都很高，不代表这个规则之间就一定存在某种关联。举个最简单的例子，假如某款手机和某款衣服是最近的两个比较热门的商品，大家去商场都要买，它们都是最新款的，深受大家喜爱，那么这条关联规则的支持度和置信度都很高，但是它们之间没有必然的联系。然而当置信度很高时，支持度仍然具有参考价值，因为当置信度很高时，可能前件的支持度计数很低，此时后件也会很低。

关联规则的经典算法包括 Apriori 算法、FP-growth 算法等。

1. Apriori 算法

在 Apriori 算法中，寻找最大项集的基本思想为：算法需要对数据集进行多步处理。

第一步，简单统计所有含一个元素项集出现的频率，并找出那些不小于最小支持度的项集，即一维最大项集。从第二步开始，循环处理，直到再没有最大项集生成。循环过程：第 k 步中，根据第 $k-1$ 步生成的 $k-1$ 维最大项集产生 k 维候选项集，然后对数据库进行搜索，得到候选项集的项集支持度，与最小支持度比较，从而找到 k 维最大项集。

Apriori 类算法已经成为关联分析的经典算法，其技术难点及运算量主要集中在以下两个方面。

（1）如何确定候选频繁项集和计算项集的支持数。

（2）如何减少候选频繁项集的个数及扫描数据库的次数。

目前，人们已提出许多改进方法来解决第 2 个问题，并已取得了很好的效果。然而，对第 1 个问题，如果仍沿用 Apriori 算法中的解决方案，其运算量是较大的，为此，人们提出了一种基于二进制形式的候选频繁项集生成和相应的计算支持数算法。该算法只需对挖掘对象进行一些"或""与""异或"等逻辑运算操作，显著降低了算法的实现难度，将该算法与 Apriori 类算法相结合，可以进一步提高算法的执行效率，实验结果也表明算法是有效、快速的。为方便后文叙述，现约定如下。

（1）数据库事务中的项都是以字母顺序排列的，每个项用<TID,item>来标识，这里 TID 表示相应事务的标识符，item 则表示项目名称。

（2）每个项集的项目数称为该项集的 size。当项集的 size=k 时，称该项目集为 k-itemset（k 维项集）。

Apriori 算法有如下缺点。

（1）在每一步产生候选项集时，循环产生的组合过多，没有排除不应该参与组合的元素。

（2）每次计算项集的支持度时，系统都要对数据库中的全部记录进行一次扫描比较，如果是一个大型的数据库，这种扫描比较会大大增加计算机系统的 I/O 开销。这种代价随着数据库记录的增加呈现出几何级数式的增加。因此，人们开始寻求一种能减少这种系统 I/O 开销的、更为快捷的算法。

2. FP-growth 算法

针对 Apriori 算法的缺陷，Jiawei Han 提出 FP-growth 算法。该算法仅需扫描数据库两次且无须生成候选项集，避免了产生"知识的组合爆炸"，提高了频繁模式集的挖掘效率。

之前由频繁项集产生关联规则的算法都基于 Apriori 算法框架，这类算法在高密度数据库上的执行性能不佳。FP-growth 算法利用了高效的数据结构 FP-tree，直观并且容易实现，它只需要两次扫描数据库，极大地减少了 I/O 操作次数，并且无须生成候选项集，因而在时间和空间上都提高了处理效率。此算法执行效率比基于 Apriori 的算法高一个数量级。

FP-growth 算法将长频繁模式转换成一些较短频繁模式，然后连接后缀。它使用不频繁的模式后缀，提供了较好的选择性，显著地降低了搜索开销。

FP-growth 采用如下分治策略：首先，将代表频繁项集的数据库压缩到一棵频繁模式树（FP 树），该树仍保留项集的关联信息。然后，把这种压缩的数据库划分成一组条件数据库（一种特殊类型的投影数据库），每个数据库关联一个频繁项或"模式段"，并分别挖掘每个条件数据库。对每个"模式片段"，只需要考察与它相关联的数据集。随着被考察模式的"增长"，这种方法可以显著地压缩被搜索的数据集的大小。

6.3.2 分类分析

分类分析是数据挖掘中预测建模的一种任务，用于预测离散的目标变量，相对的回归用于预测连续的目标变量。比较科学的分类定义为：分类任务就是通过学习得到一个目标函数 f，把每个属性集 x 映射到一个预先定义的类标号 y。例如，预测一个 Web 用户是否会在网上书店买书是分类任务，因为该目标变量只有两个值——是、否；预测某股票的未来价格是回归任务，因为价格具有连续值属性。两项任务目标都是训练一个模型，使目标变量预测值与实际值之间的误差达到最小。

例如，用挑西瓜的例子训练数据集，主要规则如下。

（色泽=青绿，根蒂=蜷缩，敲声=浊响）<==>好瓜

（色泽=乌黑，根蒂=蜷缩，敲声=浊响）<==>好瓜

（色泽=青绿，根蒂=硬挺，敲声=清脆）<==>坏瓜

（色泽=乌黑，根蒂=稍蜷，敲声=沉闷）<==>坏瓜

运用分类算法建立分辨好坏瓜的分类模型，去西瓜摊买西瓜（测试数据集），看看能否买到好瓜。

下面介绍 3 种常用的分类算法。

1. 决策树方法

决策树（Decision Tree）方法是在已知各种情况发生概率的基础上，通过构成决策树来求取净现值的期望值大于等于零的概率，评价项目风险，判断其可行性的决策分析方法。决策树方法是直观运用概率分析的一种图解法。由于这种决策分支画成图形很像一棵树的枝干，故称为决策树方法。在机器学习中，决策树方法是一个预测模型，代表的是对象属性与对象值之间的一种映射关系。树中每个节点表示某个对象，每个分叉路径代表某个可能的属性值，每个叶节点对应从根节点到该叶节点所经历的路径所表示的对象的值。决策树方法仅有单一输出，若想有复数输出，则可以建立独立的决策树方法以处理不同的输出。数据挖掘中的决策树方法是一种经常被用到的方法，可以用于分析数据，同样也可以用来做预测。

决策树方法是一种十分常用的分类方法，是一种监管学习。监管学习，就是给定一堆样本，每个样本都有一组属性和一个类别，这些类别是事先确定的。系统通过学习得到一个分类器，这个分类器能够对新出现的对象给出正确的分类。这样的机器学习就被称为监督学习。

（1）优点

决策树方法易于理解和实现，不需要使用者了解很多背景知识。它能直接体现数据的特点，只要通过解释，人们都有能力去理解它所表达的意义。

对决策树方法而言，数据的准备往往很简单或者是不必要的，而且能同时处理数据型和常规型属性，在相对较短的时间内能对大型数据源进行处理，并得出可行且效果良好的结果。

决策树方法易于通过静态测试来对模型进行评测，可以测定模型可信度；如果给定一个观察的模型，系统就能很容易地根据所产生的决策树方法推导出相应的逻辑表达式。

（2）缺点

① 比较难预测连续性的字段。

② 对有时间顺序的数据，需要做很多预处理的工作。

③ 当类别太多时，错误可能会增加得比较快。

④ 一般来说，算法在分类的时候，一般只根据一个字段来分类。

2. 最近邻分类器

工作原理：存在一个样本数据集合（训练样本集），并且样本集中每个数据都存在标签，即我们知道样本集中每一数据与所属分类的对应关系。输入没有标签的新数据后，将新数据的每个特征与样本集中数据对应的特征进行比较，然后通过算法提取样本集中特征最相似数据（最近邻）的分类标签。一般来说，我们只选择样本数据集中前 k 个最相似的数据。最后，选择 k 个最相似数据中出现次数最多的分类，作为新数据的分类。

如图 6-8 所示，中心的圆要被决定赋予哪个类，是三角形还是正方形？如果 $k=3$，由于三角形所占比例为 2/3，圆将被赋予三角形那个类；如果 $k=5$，由于正方形比例为 3/5，因此圆被赋予正方形那个类。

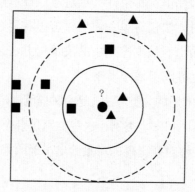

图 6-8　最近邻分类

3. 贝叶斯分类器

贝叶斯网络是一个带有概率注释的有向无环图，图中的每一个节点均表示一个随机变量，图中两节点间若存在着一条弧，则表示这两节点相对应的随机变量是概率相依的，反之则说明这两个随机变量是条件独立的。网络中任意一个节点 X 均有一个相应的条件概率表（Conditional Probability Table，CPT），用以表示节点 X 在其父节点取各可能值时的条件概率。若节点 X 无父节点，则 X 的 CPT 为其先验概率分布。贝叶斯网络的结构及各节点的 CPT 定义了网络中各变量的概率分布。

贝叶斯分类器是用于分类的贝叶斯网络。该网络中应包含类节点 C，其中 C 的取值来自于类集合（c_1，c_2，$\cdots$，c_m），还包含一组节点 $X = (X_1, X_2, \cdots, X_n)$，表示用于分类的特征。对贝叶斯分类器，若某一待分类的样本 D 的分类特征值 $x = (x_1, x_2, \cdots, x_n)$，则样本 D 属于类别 c_i 的概率 $P(C = c_i | X_1 = x_1, X_2 = x_2, \cdots, X_n = x_n)$，$i = 1, 2, \cdots, m$ 应满足下式。

$$P(\,C = c_i \mid X = x) = \mathrm{Max}\{\,P(\,C = c_1 \mid X = x)\,,\,P(\,C = c_2 \mid X = x)\,,\,\cdots\,,\,P(\,C = c_m \mid X = x)\,\}$$

贝叶斯公式为

$$P(\,C = c_i \mid X = x) = P(\,X = x \mid C = c_i)\,*\,P(\,C = c_i)\,/\,P(\,X = x)$$

式中，$P(\,C = c_i)$ 可由领域专家的经验得到，而 $P(\,X = x \mid C = c_i)$ 和 $P(\,X = x)$ 的计算则较困难。

应用贝叶斯分类器进行分类主要分成两个阶段：第一阶段是贝叶斯分类器的学习阶段，即从样本数据中构造分类器，包括结构学习和 CPT 学习；第二阶段是贝叶斯分类器的推理阶段，即计算类节点的条件概率，对分类数据进行分类。这两个阶段的时间复杂性均取决于特征值间的依赖程度，甚至可以是 NP 完全问题，因而在实际应用中，往往需要对贝叶斯分类器进行简化。根据对特征值间不同关联程度的假设，可以得到各种贝叶斯分类器。Naive Bayes、TAN、BAN、GBN 就是其中较典型、研究较深入的贝叶斯分类器。

6.3.3　聚类分析

将一群物理对象或者抽象对象划分成相似的对象类的过程就是聚类分析。类簇是数据对象的集合。在类簇中，所有的对象都彼此相似，而类簇与类簇之间的对象是彼此相异的。

聚类分析除了可以用于数据分割（Data Segmentation），也可以用于离群点检测（Outlier Detection）。所谓的离群点，指的是与"普通"点相对应的"异常"点，而这些"异常"点往往值得注意。

很多人在学习聚类分析之初，容易将聚类分析和分类分析搞混淆。其实聚类分析属于无监督学习范畴（Unsupervised Learning），也可被称作观察式学习过程。与分类分析不同，聚类分析并不依赖已有既定的先验知识。

数据挖掘对聚类分析的典型要求如下。

（1）可伸缩性：当聚类分析对象由几百个上升到几百万个时，我们希望最后的聚类分析结果的准确度能一致。

（2）处理不同类型属性的能力：有些聚类分析算法，其处理对象的属性的数据类型只能为数值类型，但是在实际应用场景中，我们往往会遇到其他类型的数据，如二元数据、分类数据等。当然，在处理过程中，我们是可以将这些其他类型的数据预处理成数值型数据的，但是在聚类分析的效率上或者聚类分析的准确度上，往往会有折损。

（3）发现任意形状的类簇：许多聚类分析算法是用距离（如欧几里得距离或者曼哈顿距离）来量化对象之间的相似度的，基于这种方式，我们往往只能发现相似尺寸和密度的球状类簇（或者被称为凸形类簇）。但是，类簇的形状可能是任意的。

（4）对聚类分析算法初始化参数的知识需求的最小化：很多算法在分析过程中需要用户提供一定的初始参数，如期望的类簇个数、类簇初始质点的设定。聚类分析结果对这些参数是十分敏感的。这不仅加重了用户的负担，也非常影响聚类分析结果的准确性。

（5）处理噪声数据的能力：噪声数据可以理解为影响聚类分析结果的干扰数据，这些噪声数据的存在会造成聚类分析结果的畸变，最终导致低质量的聚类分析。

（6）增量聚类分析和对输入次序的不敏感：一些聚类分析算法不能将新加入的数据插进已有的聚类分析结果；输入次序的敏感指对给定的数据对象集合，以不同的次序提供输入对象时，最终产生的聚类分析结果的差异会比较大。

（7）高维性：有些算法只适合处理二维或者三维的数据，而对高维数据的处理能力很弱，因为在高维空间中，数据的分布可能十分稀疏，而且高度倾斜。

（8）基于约束的聚类分析：现实应用中可能需要在各种条件下进行聚类分析。因为同一个聚类分析算法，在不同的应用场景中所得出的聚类分析结果也是各异的，所以找到满足特定约束的具有良好聚类分析特性的数据分组是十分有挑战性的。

（9）可解释性和可用性：我们希望得到的聚类分析结果都能用特定的语义、知识进行解释，与实际的应用场景相联系。

1. K-means 算法

K-means 算法的整个流程：首先从聚类分析对象中随机选出 K 个对象作为类簇的质心（当然，初始参数的 K 代表聚类分析结果的类簇数），对剩余的每个对象，根据它们分别到 K 个质心的距离，将它们指定到最相似的簇（因为 K-means 是利用距离来量化相似度的，所以我们这里可以理解为"将它们指定到离最近距离的质心所属类簇"），然后重新计算质心位置。以上过程不断反复，直到准则函数收敛为止。通常采用平方误差准则。

K-means 算法能处理大型数据集，结果簇相当紧凑，并且簇和簇之间明显分离。计算复杂度为 $O(tkn)$，t 为迭代次数；k 为聚类数；n 为样本数。其缺点如下。

（1）该算法必须事先给定类簇数和质点。类簇数和质点的初始值设定往往对聚类分析的算法影响较大。

（2）通常在获得一个局部最优值时停止。

（3）只适合对数值型数据进行聚类分析。

（4）只适用于聚类分析结果为凸形的数据集，不适合发现非凸面形状的类簇或者大小差别很大的簇。

（5）对"噪声"和孤立点数据敏感，少量该类数据会对质点的计算产生极大的影响。

2. K-medoids 算法

前面介绍了 K-means 算法，并列举了该算法的缺点，而 K-medoids 算法（K 中心点算法）正好能解决 K-means 算法中的"噪声"敏感问题。

为了解决该问题，K-medoids 算法提出了新的质点选取方式，而不像 K-means 算法那样采用均值计算。在 K-medoids 算法中，每次迭代后的质点都从聚类分析的样本点中选取，而选取的标准就是该样本点成为新的质点后能提高类簇的聚类分析质量，使类簇更紧凑。该算法使用绝对误差标准来定义一个类簇的紧凑程度。

如果某样本点成为质点后，绝对误差能小于原质点所造成的绝对误差，那么 K-medoids 算法认为该样本点是可以取代原质点的。在一次迭代重计算类簇质点的时候，我们选择绝对误差最小的那个样本点作为新的质点。

例如：样本点 A–>E_1=10，样本点 B–>E_2=11，样本点 C–>E_3=12，原质点 O–>E_4=13，那么我们选则 A 作为类簇的新质点。

与 K-means 算法一样，K-medoids 算法也采用欧几里得距离来衡量某个样本点到底属于哪个类簇。当所有类簇的质点都不再发生变化时，即认为聚类分析结束。

该算法只改善了 K-means 算法的"噪声"敏感，仍存在 K-means 的其他缺点，并且由于采用新的质点计算规则，算法的时间复杂度上升为 $O(k(n-k)^2)$。

3. 层次聚类分析算法

前面介绍的 K-means 算法和 K-medoids 算法都属于划分式（partitional）聚类分析算法。层次聚类分析算法是将所有的样本点自底向上合并组成一棵树或者自顶向下分裂成一棵树的过程，这两种方式分别被称为凝聚和分裂。

凝聚层次算法：初始阶段将每个样本点分别当作其类簇，然后合并这些原子类簇，直至达到预期的类簇数或者其他终止条件。

分裂层次算法：初始阶段将所有的样本点当作同一类簇，然后分裂这个大类簇，直至达到预期的类簇数或者其他终止条件。

传统的凝聚层次聚类分析算法是 AGENES。初始时，AGENES 将每个样本点归为一簇，然后这些簇根据某种准则逐渐合并。例如，如果簇 C_1 中的一个样本点和簇 C_2 中的一个样本点之间的距离是所有不同类簇的样本点间欧几里得距离最短的，则认为簇 C_1 和簇 C_2 是相似可合并的。

传统的分裂层次聚类分析算法是 DIANA。初始时，DIANA 将所有样本点归为同一类簇，然后根据某种准则进行逐渐分裂。例如，类簇 C 中两个样本点 A 和 B 之间的距离是类簇 C 中所有样本点间距离最远的一对，那么样本点 A 和 B 将分裂成两个簇 C_1 和 C_2，并且先前类簇 C 中其他样本点根据与 A 和 B 之间的距离，分别纳入簇 C_1 和 C_2 中。例如，类簇 C 中样本点 O 与样本点 A 的欧几里得距离为 2，与样本点 B 的欧几里得距离为 4，因为 Distance$(A,O)<$Distance(B,O)，所以 O 将纳入类簇 C_1 中。

层次聚类分析算法如图 6-9 所示。

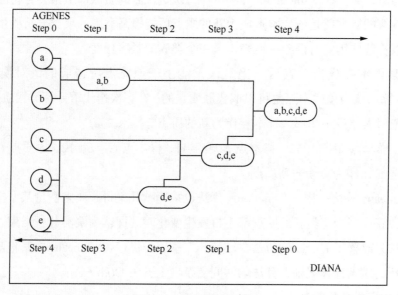

图 6-9　层次聚类分析算法

6.4　数据挖掘常用的工具

在实际应用中，数据挖掘可以用任何编程语言进行算法设计与实现，除此之外，也可使用一些软件产品。Oracle 和 SQL Server 都提供了数据挖掘的工具，利用这些工具可以方便地创建数据仓库并进行数据挖掘。由于不同的工具具有不同的优势和不足，因此，要想真正做好数据挖掘，就要根据所选择的数据对象和需求，选择合适的数据挖掘工具。

6.4.1 RapidMiner

2001 年，RapidMiner 在德国多特蒙德工业大学诞生，始于人工智能部门的 Ingo Mierswa、Ralf Klinkenberg 和 Simon Fischer 共同开发的一个项目，最初被称为 YALE（Yet Another Learning Environment）。这个产品发展成了后来的 Rapid-I。

2007 年，软件名由 YALE 更名为 RapidMiner。此后，RapidMiner 的功能不断增强，用户群也不断扩大。

2014 年底，RapidMiner 公司授权中国区总代理 RapidMinerChina，正式进入中国预测性分析市场，主要为中国用户提供预测性分析解决方案、技术支持、培训及认证服务。

RapidMiner 支持拖曳建模，自带 1500 多个函数，无须编程，简单易用，同时也支持各常见语言代码编写，以符合程序员个人习惯和实现更多功能。RapidMinerStudio 社区版和基础版免费开源，能连接开源数据库，商业版能连接大多数数据源，功能更强大。它拥有丰富的扩展程序，如文本处理、网络挖掘、WEKA 扩展、R 语言等。

RapidMiner 具有丰富的数据分析、挖掘和算法功能，常用于解决各种商业关键问题，如营销响应率、客户细分、客户忠诚度及终身价值、资产维护、资源规划、预测性维修、质量管理、社交媒体监测和情感分析等。

RapidMiner 位于 Hadoop 和 Spark 等预测性分析工具的前端，为数据科学家和分析师等分析人员从大数据中提取价值提供了简单易用的可视化操作环境。2014 年底，RapidMiner 购买 Radoop，更名为 RapidMiner Radoop。RapidMiner Radoop 作为 RapidMiner 预测性分析平台的核心组件之一，可以将预测性分析延伸至 Hadoop，可以通过拖曳自带的算子执行 Hadoop 技术特定的操作，避免了 Hadoop 集群技术的复杂性，简化和加速了在 Hadoop 上的分析，使分析人员能够流畅地使用 Hadoop。

6.4.2 WEKA

WEKA（Waikato Environment for Knowledge Analysis）是一款免费的、非商业化的、在 Java 环境下开源的机器学习（Machine Learning）及数据挖掘软件。

2005 年 8 月，在第 11 届 ACM SIGKDD 国际会议上，怀卡托大学的 WEKA 小组荣获了数据挖掘和知识探索领域的最高服务奖，WEKA 系统得到了广泛的认可，被誉为数据挖掘和机器学习历史上的里程碑，是现今最完备的数据挖掘工具之一。

WEKA 最初是非 Java 的，专门用于农业领域的数据分析。随着 WEKA 的 Java 版本的发布，Weka 变得更加多面，许多为数据分析和预测建模提供可视化和算法的应用都会用到它。WEKA 是基于 GNU 的自由软件，同 RapidMiner 相比，这是它的一大亮点，因为用户可以根据自己的意愿来随意定制。

WEKA 作为一个公开的数据挖掘工作平台，集合了大量能承担数据挖掘任务的机器学习算法，包括对数据进行预处理、分类、回归、聚类、关联规则及在新的交互式界面上的可视化。

WEKA 项目旨在为研究人员和从业者的学习提供一个全面收集机器算法和数据预处理的工具。WEKA 软件允许用户快速尝试，并在新的数据集上比较不同的机器学习方法。它的模块是建立在广泛的基础学习算法和工具上的集合，可扩展的架构允许复杂的数据挖掘过程。它在学术界和企业界都取得了广泛的认可，并在数据挖掘研究领域得到了广泛的应用。

6.4.3　Orange

Orange 是一个基于组件的数据挖掘和机器学习软件套装，它的功能强大，有快速、多功能的可视化编程前端，便于用户浏览数据分析结果和可视化，同时它绑定了 Python，以便用户进行脚本开发。它包含了完整的一系列的组件以进行数据预处理，并提供了数据账目、过渡、建模、模式评估和勘探的功能。Orange 基于 C++ 和 Python 开发，其图形库由跨平台的 Qt 框架开发。

Orange 使用一种专有的数据结构，扩展名为.tab，其实就是用 tab 分割每个数据的纯文本。Orange 也可以读取其他格式的数据文件，如 CSV、TXT 等。

Orange 是类似 WEKA 的数据挖掘工具，它的图形环境被称为 Orange 画布（Orange Canvas）。用户可以在画布上放置分析控件，然后把控件连接起来组成挖掘流程。

6.4.4　R 语言

R 是一种自由软件编程语言与操作环境，主要用于统计分析、绘图、数据挖掘。R 本来由来自新西兰奥克兰大学的 Ross Ihaka 和 Robert Gentleman 开发（也因此被称为 R），现在由 "R 开发核心团队" 负责开发。

R 语言是集数据分析与图形显示于一体的编程语言，是一种专业的统计分析软件。R 从根本上摒弃了套用模式的傻瓜式数据分析方式，它将数据分析的主动权和选择权交给使用者。数据分析人员可以根据问题的背景和数据的特点，更好地思考从数据出发如何选择和组合不同的方法，并将每一层输出反馈到对问题和数据处理的新思考上。R 为专业分析提供了分析的弹性、灵活性和扩展性，是利用数据回答问题的最佳平台。

R 语言主要有以下几个特点。

1．R 是自由软件

之所以称 R 是自由软件，是基于它的免费和开源。R 是一个用于统计计算的、很成熟的免费软件，同时也能提供其他同类型商业统计软件具有的服务功能。R 还有一个亮点，即它是一款开源软件。现如今，开放源代码的软件在科学研究和工程工作中越来越受到追捧。R 的开源性使它从 20 世纪 90 年代被开发出来至今，一直处于快速发展中。

2．R 的兼容性很好

R 的兼容性体现在两个方面：一方面，R 和其他程序设计语言的语法表述相似（有一定编程基础的人很容易学习），并且它也是彻底地面向对象的统计编程语言，非常容易理解和使用；另一方面，R 可以实现与 Excel、SAS、SPSS 等常用统计软件的数据转换，也可以方便地插入由 C 语言等编制的计算机程序，这对数据整合工作非常有用。

3．R 是数据可视化的先驱

R 软件提供了非常丰富的 2D 和 3D 图形库，是数据可视化的先驱，能够生成从简单到复杂的各种图形，甚至可以生成动画，满足不同类型信息展示的需要。

4．R 不断更新加载包

Google 公司首席经济学家 Hal Varian 说："R 变得如此有用和如此快地广受欢迎，是因为统计学家、工程师、科学家能够用它精练的代码编写各种特殊任务的包。R 包增添了很多高级算法、作图颜色和文本注释，并通过数据库连接等方式提供了挖掘技术。金融服务部门对 R 表现出了极大的兴趣，各种各样的衍生品分析包相继出现。R 最优美的地方是它能够根据自己的需求修改很多前人编写的包的代码，实际上你站在巨人的肩膀上。"

R 具有免费、开源、模块多样等众多特点，且在综合 R 文档网络（Comprehensive R Archive Network，CRAN）上提供了大量的第三方功能包，其内容涵盖从统计计算到机器学习，从金融分析到生物信息，从社会网络分析到自然语言处理，从各种数据库、各种语言接口到高性能计算模型，可以说无所不包、无所不容，这也是 R 越来越受各行各业的从业人员喜爱的重要原因。

6.4.5　Mining

Mining 大数据挖掘平台是一款基于组件的数据挖掘、机器学习和数据分析的工具，如图 6-10 所示。它包括一系列可视化、探索、预处理和建模组件。除了提供 Python 模块外，Mining 大数据挖掘平台还提供了图形用户界面（Graphical User Interface，GUI），用户可以用预先定义好的多种模块组成工作流来完成复杂的数据挖掘工作。

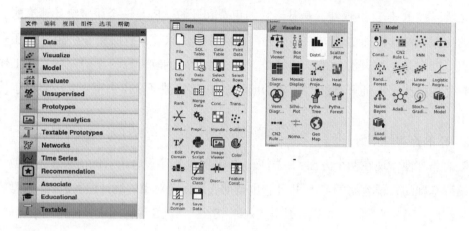

图 6-10   Mining 大数据挖掘平台

Mining 大数据挖掘平台功能强，且使用方便。平台拥有数据挖掘算法的各类组件，包括分类、回归、聚类等。在使用过程中，用户不需要像使用其他数据挖掘工具那样进行复杂的参数设置，只要进行一些必要的参数优化即可。Mining 大数据挖掘平台使用户再也不用自己编写复杂的算法，也不需要掌握太高深的数据流程的理论知识。用户所需要了解的只是算法的大概原理、算法实际应用环境。

Mining 大数据挖掘平台的优势如下。

1. 可视编程

对初学者和数据科学专家来说，Mining 是一个很好的数据挖掘工具。得益于它的用户界面，用户可以专注于数据分析，而不用费力地编码，可以通过一个简单的操作流程去解决复杂的数据分析问题。

2. 交互式可视化

Mining 专注于数据可视化，它有助于发现隐藏的数据模式，提供数据分析过程的归纳方法，或者支持数据科学家和领域专家之间的交流。可视化的小部件包括散点图、箱线图和直方图，以及模型特定的可视化，如轮廓图和树形图等。许多其他可视化工具都可以在 Mining 附加组件中使用，包括网络可视化、地理地图等。

3. 可用于数据科学教育

Mining 大数据挖掘平台是实践训练的完美工具。教师享受清晰的程序设计，以及数据和模型的视觉探索；学生受益于工具的灵活性，可以方便地组合利用多种数据挖掘算法解决实际问题。Mining 大数据挖掘平台的教育优势来自可视化编程和交互可视化的结合。

6.5　数据挖掘的典型应用

6.5.1　社交媒体领域的应用

在过去的 10 年中，社交媒体对大数据时代的到来有着重要的贡献。大数据不仅为社交媒体的挖掘和应用提供了新的解决方案，还带来了许多领域数据分析范式的转变。在此背景下，多学科作品连接的社会媒体和大数据背景下的多媒体计算，成为比较热门的研究项目之一。

社交网络是社交大数据的重要来源之一。在社交网络中，个体之间的交互提供了个体的喜好和关系等信息。这些网络已成为集体智能提取的重要工具。这些连接的网络可以使用图来表示，将网络分析方法运用在图上可以提取有用的知识。图由一组顶点（也可称为节点）和一组由节点之间连线形成的边组成。从一个社交网络中提取的信息可以很容易地表示为一个图，其中的顶点代表用户，边代表他们之间的关系。许多网络度量可以用来对这些网络进行社交分析。在通常情况下，一个社交网络的重要性或影响是通过中心性度量进行分析的。这些度量在大型网络中具有较高的计算复杂度。为了降低计算复杂度，针对一个大型的图表分析，第二代基于 MapReduce 的框架已经出现，如 Hama、Graph 和 Graph Lab 等。

社交媒体的数据产生于大量的网络应用程序和网站中，这些网站的快速增长，让用户可以相互沟通、互动、分享和合作。这样的信息已经扩散到许多不同的领域，如日常生活（电子商务、旅游等）、教育、健康和工作。

6.5.2　市场营销领域的应用

市场营销是最早运用数据挖掘技术的领域。人们通常根据客户的具体需求，进行客户分析，将有不同消费习惯和消费特点的客户进行简单的分类管理，以此来保证商品能够顺利销售，并提高个人销售的成功率和业绩，而销售的范围也从最初的超市购物扩展到了保险、银行、电信等各个领域。

6.5.3　科学研究领域的应用

科学研究需要对数据进行关系分析，为进一步的实验和总结经验做准备，而科学研究产生的数据量往往是巨大的，因此数据挖掘技术在科学研究领域也得以广泛运用。通常数据挖掘人员会对科学研究的数据使用数据挖掘算法，以找到其中蕴含的数据规律，在实现数据挖掘部分价值的同时也为后续的科学分析与运用打下基础。

6.5.4　电信领域的应用

随着信息化时代的到来，电信产业也飞速发展起来，到目前为止，电信产业已经形成一个巨大的网络信息载体，如何将其中的信息数据进行整合，就成为电信产业发展过程中的重要问题。而数据挖掘技术的运用则在一定程度上解决了这一问题，大量的数据通过数据挖掘技术得到了有效分类，并在这个过程中通过运算得出数据之间的关联性，运用规律进一步进行数据分类。

6.5.5　教育领域的应用

教学评估、教学资源、学生个人基本信息等组成了教育领域的数据库，利用数据挖掘技术来实现教学资源的优化配置，对学生的个人信息整理归档，从而保证教育领域中数据整理的良好运作。随着大数据时代的来临，教育大数据深刻改变着教育理念和教育思维方式。在新的时代，教育领域充满了大数据，如学生、教师的一言一行，学校里的一切事物，都可以转化为数据。当每个在校学生都用计算机终端开展上课、读书、记笔记、做作业、进行实验、讨论问题等活动时，这些活动都将成为教育大数据的来源。

传统的教育决策常常是，以决策者自己有限的理解、假想、推测，依据直觉、冲动或趋势来制定的决策。这种来自决策者主观臆断的决策，经常处于朝令夕改的尴尬境地，教育大数据可以帮助解决这种问题。

在大数据时代，教育者应该更依赖于数据和分析，而不是依赖于直觉和经验；同样，教育大数据还将改变领导力和管理的本质。服务管理、数据科学管理将取代传统的行政管理、经验管理。伴随着技术的不断发展，教育数据分析和挖掘不断深入，人们不仅要着眼于已有的确定关系，更要探寻隐藏的因果关系。利用大数据技术可以深度挖掘教育数据中的隐藏信息，发现教育过程中存在的问题，提供决策来优化教育管理。

6.5.6　医学领域的应用

目前，越来越多的数字化系统出现在医疗机构中，随着医学水平的提高，这些系统积累了越来越多的医疗数据。例如，医院数据库中的数据每天以惊人的速度产生并精确记录产生的医学影像，这些数据对疾病的诊断，病情的子病例、病案、数字化医疗设备和仪器的分析，病理的研究都极具价值。如果能将隐含在其中的丰富信息有效地分析和挖掘出来，就可以协助医务工作者解决越来越多的问题。

1. 医学图像挖掘

医学图像（如 CT、MRI 等）是利用人体内不同器官和组织对 X 射线、超声波、光线等的散射、透射、反射和吸收的不同特性而形成的。它为人体骨骼、内脏器官的疾病和损伤进行诊断、定位提供了有效的手段。

可以将这些医学图像整理成影像档案，然后使用大数据挖掘技术进行分析，挖掘出一些难以觉察的病变原因，从而在很大程度上辅助医生诊断。

2. DNA 分析

人类基因组计划的开展产生了海量的基因组信息，如何区分序列上的外显子和内含子，成为基因工程中对基因进行识别和鉴定的关键环节之一。使用有效的数据挖掘方法从大量的生物数据中挖掘有价值的知识并提供快速决策支持，成为基因分析的必要手段。目前已有大量研究者在努力对数据分析进行定性研究，从已经存在的基因数据库中得到了导致各种疾病的特定基因序列模式。基因的分析研究已经发现许多疾病与残疾基因，以及对应的新药物、新治疗方法。

3. 公众健康监控

公共卫生部门可以通过覆盖全国的患者电子病历数据库，快速检测传染病，进行全面的疫情监测，并通过集成疾病检测和响应程序，快速进行响应。这将带来很多好处，包括医疗索赔支出的减少，传染病感染率的下降等。公共卫生部门可通过提供准确和及时的公众健康咨询，大幅提高公众健康风险意识，降低感染传染病的风险。

4. 临床决策支持系统

大数据分析技术使临床决策支持系统更加智能。例如，使用图像分析和识别技术，识别医疗影像数据，或者挖掘医疗文献数据并建立医疗专家数据库，从而给医生提出诊疗建议。还可以使医疗流程中大部分的工作流向护理人员和助理医生，使医生从耗时过长的简单咨询工作中解脱出来，从而提高诊疗效率。

综上所述，数据挖掘技术对当今社会的发展有着不可替代的作用，而如何改善当下数据挖掘技术中存在的问题，进一步提高数据挖掘技术的质量和效率，就成为数据挖掘技术进步的方向。相信在未来，伴随着科学技术的进一步发展，数据挖掘技术的功能也将更加强大。

习　题

6-1　简述数据挖掘的概念。

6-2　数据挖掘常用的技术有哪 3 种？其定义分别是什么？

6-3　关联分析的步骤有哪几个？

6-4　分类分析与聚类分析的区别有哪些？

6-5　数据挖掘有哪些常用的工具？各有什么优缺点？

本章参考文献

[1] 李德仁，张良培，夏桂松. 遥感大数据自动分析与数据挖掘[J]. 测绘学报，2014，43（12）：1211-1216.

[2] 檀朝东，陈见成，刘志海，等. 大数据挖掘技术在石油工程的应用前景展望[J]. 中国石油和化工，2015（01）：49-51.

[3] 张东霞，苗新，刘丽平，等. 智能电网大数据技术发展研究[J]. 中国电机工程学报，2015，35（01）：2-12.

[4] 刘道伟，张东霞，孙华东，等. 时空大数据环境下的大电网稳定态势量化评估与自适应防控体系构建[J]. 中国电机工程学报，2015，35（02）：268-276.

[5] 宫宇，吕金壮. 大数据挖掘分析在电力设备状态评估中的应用[J]. 南方电网技术，2014，8（06）：74-77.

第 7 章
数据可视化

数据可视化是当今时代的技术热点，并在一定程序上推进了其他相关数据技术的发展和创新，尤其是人们通过不同的可视化方法可以更好地发现整体数据的内在意义和内在联系，为可能的数据创新和数据服务提供强有力的支撑和帮助。

本章主要内容如下。

（1）可视化的含义。

（2）可视化的发展历程。

（3）可视化的作用。

（4）数据可视化分类。

（5）数据可视化工具。

7.1　什么是可视化

7.1.1　可视化的含义

测量的自动化、网络传输过程的数字化和大量的计算机仿真产生了海量数据，超出了人类大脑分析处理的能力。可视化（Visualization）提供了解决这种问题的一种新方法。一般意义下的可视化的定义为：可视化是一种使复杂信息能够容易和快速地被人理解的手段，是一种聚焦在信息重要特征的信息压缩，是可以放大人类感知的图形化表示方法。可视化就是把数据、信息和知识转化为可视的表示形式并获得对数据更深层次认识的过程。可视化作为一种可以放大人类感知的数据、信息、知识的表示方法，日益受到重视并得到越来越广泛的应用。可视化可以应用到简单问题，也可以应用到复杂系统状态表示问题。人们可以从可视化的表示中发现新的线索、新的关联、新的结构、新的知识，促进人机系统的结合，促进科学决策。

可视化充分利用计算机图形学、图像处理、用户界面、人机交互等技术，形象、直观地显示科学计算的中间结果和最终结果并进行交互处理。可视化技术以人们惯于接受的表格、图形、图像等方法并辅以信息处理技术将客观事物及其内在的联系进行表现，可视化结果便于人们记忆和理解。

可视化为人类大脑与计算机这两个信息处理系统之间提供了一个接口。可视化对信息的处理和表达方式有其他方式无法取代的优势，其特点可总结为可视性、交互性和多维性。

目前，可视化技术包括数据可视化、科学计算可视化、信息可视化和知识可视化等，这些概念及应用存在着区别、交叉和联系。最近，国外学者提出了可视化分析学的概念，强调可视化的任务更应该服务于数据分析和知识获取，并建议将其应用于国家安全等重要领域。

7.1.2　可视化的发展历程

最近几年计算机图形学的发展使三维表现技术得以实现。这些三维表现技术使我们能够再现三维世界中的物体，能够用立体呈现方式来表示复杂的信息，这种技术就是可视化（Visualization）技术。

可视化技术使人能在三维图形世界中直接对具有形体的信息进行操作，和计算机直接交流。这种技术已经把人和机器的力量以一种直觉而自然的方式加以联系，这种革命性的变化无疑将极大地提高人们的工作效率。可视化技术赋予人们一种仿真的、三维的并且具有实时交互的能力，这样人们可以在三维图形世界中用以前不可想象的手段来获取信息或发挥自己创造性的思维。

机械工程师可以从二维平面图中解放出来，直接进入三维世界，从而很快得到自己设计的三维机械零件模型。医生可以从病人的三维扫描图像中分析病人的病灶。军事指挥员可以面对用三维图形技术生成的战场地形，指挥具有真实感的三维飞机、军舰、坦克向目标开进并分析战斗方案的效果。

人们对计算机可视化技术的研究已经历了一个很长的历程，而且形成了许多可视化工具，其中 SGI 公司推出的 GL 三维图形库表现突出，其易于使用而且功能强大。利用GL 开发出来的三维应用软件颇受许多专业技术人员的喜爱，这些三维应用软件已涉及建筑、产品设计、医学、地球科学、流体力学等领域。

随着计算机技术的发展，GL 已经进一步发展成为 OpenGL。OpenGL 已被认为是高性能图形和交互式视觉处理的标准，在计算机领域被广泛采用。

7.1.3　可视化的作用

1．可视化后的信息易于理解

人脑对视觉信息的处理要比书面信息容易得多。使用图表来总结复杂的数据，可以确保对关系的理解比那些混乱的报告或电子表格更快。

2．以建设性方式讨论结果

向高级管理人员提交的许多业务报告都是规范化的文档。这些文档经常被静态表格和各种图形所夸大。也正是因为这些文档制作得过于详细，以致于那些高管人员也没办法记住这些内容，对他们来说，不需要看到太详细的信息。

然而，来自可视化工具的报告使我们能用一些简短的图形体现那些复杂信息，甚至单个图形也能做到。决策者可以通过交互元素及类似于热图、Fever Charts 等新的可视化工具，轻松地解释各种不同的数据源。丰富但有意义的图形有助于让忙碌的主管与业务伙伴了解问题的根源并做出相应的决策。

3．理解运营和结果之间的连接

可视化的一个好处是，它允许用户去跟踪运营和整体业务结果之间的对接。在竞争环境中，找到业务功能和市场结果之间的相关性是至关重要的。

例如，一家软件公司的执行销售总监可能在条形图中看到，他们的旗舰产品在西南地区的销售额下降了 8%。然后，主管可以深入了解问题出现在哪里，并开始制订改进计划。通过这种方式，可视化可以让管理人员立即发现问题并采取行动。

4．发现新兴趋势

现在已经收集到的消费者行为的数据量可以为适应性强的公司带来许多新的机遇。然而，这需要他们不断地收集和分析这些信息。通过使用可视化来监控关键指标，企业管理者可以更容易地发现各种大数据集的市场变化和趋势。

例如，一家服装连锁店可能会发现，在西南地区，深色西装和领带的销量正在上升。这可能会让他们推销包括这两种商品在内的商品组合。

5．与数据交互

可视化的主要好处是它及时带来了风险预警。但与静态图表不同，交互式可视化鼓励用户探索甚至操作数据，以发现其他风险因素。这就为使用分析提供了更好的手段。

例如，大型交互式可视化工具可以向船只制造商展示其船只销售下降状况，这可能是由一系列原因造成的。团队成员积极探索相关问题，并将其与实际的船只销售联系起来，可以找出问题的根源，并找到减少其影响的方法，以促进销售。

7.2　数据可视化及其分类

随着网络和各种现代化的电子通信设备的飞速发展，人类产生和获取数据的能力也得到了极大的提升，想通过人工分析这些数据从而得以深刻地理解并进一步形成正确的概念和看法，就目前而言几乎是不可能的。数据可视化技术正是在这样的背景下获得了迅速发展。数据可视化是可视化技术针对大型关系型数据库或数据仓库的应用，它旨在用图形和图像的方式展示大型数据库中的多维数据，并且以可视化的形式反映对多维数据的分析及内涵信息的挖掘。数据可视化技术凭借计算机的强大处理能力、计算机图像和图形学基本算法，以及可视化算法，把海量的数据转化为静态或动态图并呈现在人们的面前，并允许通过交互手段控制数据的抽取和画面的显示，使隐含于数据之中不可见的现象变得可见，为人们分析和理解数据、形成概念、找出规律提供了强有力的手段。

数据可视化技术诞生于 20 世纪 80 年代，是运用计算机图形学和图像处理等技术，以图表、地图、动画或其他使内容更容易理解的图形方式来表示数据，使数据所表达的内容更容易被处理。数据可视化技术与虚拟现实技术、数据挖掘、人工智能，甚至与人类基因组计划等前沿学科领域都有着密切的联系。

从纯技术角度来看，数据可视化大体可以分为 5 类：基于几何投影的数据可视化、面向像素的数据可视化、基于图标的数据可视化、基于层次的数据可视化及基于图形的数据可视化。纯技术角度的数据可视化，是专业科研人员研究的领域，本书不做具体介绍。

从实用角度来看，数据可视化大体可以分为 3 类：科学可视化、信息可视化和可视化分析学。下面我们对这 3 类数据可视化做较详细的介绍。

7.2.1　科学可视化

1987 年，在华盛顿召开的一次科学计算会议上，针对大数据处理问题，美国计算机成像专业委员会提出了解决方案：可视化——用图形和图像解释数据。这次会议形成了题为"科学计算可视化"的报告，后被称为科学可视化（Scientific Visualization，SV）。

1．可视化是一种计算方法

可视化用图形来描述物理现象，把数学符号转化成几何图形，以直观、形象的方式来表达数据，显示数据中所包含的信息，使科学家和工程技术人员能有效地观察、模拟和计算，并进行交互控制。科学可视化包括图像生成和图像理解两个部分，它既是由复杂多维数据集产生图像的工具，又是解释输入计算机的图像数据的手段。它得到以下几个相对独立的学科的支持：计算机图形学、图像处理、计算机视觉、计算机辅助设计、信号处理、图形用户界面及交互技术。

2．可视化所研究的课题就是人与计算机之间的交互机制

可视化应使人与计算机协同地感知、利用和传递视觉信息。科学可视化按功能划分为如下 3 种形式。

（1）事后处理方式。计算和可视化是分成两个阶段进行的，两者之间不进行交互作用。

（2）追踪方式。可将计算结果即时以图像显示，以使研究人员了解当前的计算情况，决定计算是否继续。

（3）驾驭方式。这是科学可视化的最高形式。研究人员可参与计算过程，对计算进行实时干预。

实际上，有些具体问题并不一定单纯采用某一种方式，往往几种方式并用。科学可视化涉及的领域有计算机图形学、图像处理、计算机视觉、计算机辅助几何设计、信号处理及用户界面研究。

3．科学可视化的应用范围包括当代科学技术的各个领域

其中，典型的领域如下。

（1）科学研究：分子模型、医学图像、数学、地球科学、空间探索及天体物理学。

（2）工程计算：计算流体力学和有限元分析。

可视化的软件种类繁多：有针对某些特殊领域而设计的专用软件，如用于计算流体力学数据处理的 PIOT3D、FAST、UFAT 和 VirtualWindTunnel（专用于不稳定流仿真）；有通用型的软件，如 AVS（AdvaneedVisualSystemIne.）、ExPlorer（SilieonGraphiesIne.）、DataExPlorer（IBM）、DataVisualizer 和 AdvaneedVisualizer（Wavefront）、PV-WAVE（VisualNumeries）、Khoros（KhoralResearehIne.）、GNUPI0 及 Graphtool（3-DVisionsIne.）。其中，最引人注目的是 AVS、ExPlorer、DataExPlorer、pv-WAVE 和 Khoros。

4. 当前科学计算可视化技术的发展特点

（1）可视化图像的实时显示及交互控制

在采用高性能硬件的同时，采用适当的算法和软件来提高显示速度，如三维数据场模型的简化及多层次表示、可视化算法的并行实现等。

（2）网络环境下实现的科学计算可视化

在计算机网络上共享科学计算或测量数据的图像，实现计算机支持下的协同工作是一个重要的发展趋势。

（3）虚拟环境下实现的科学计算可视化

虚拟环境技术近年来得到了快速的发展，它为人们提供了一个由计算机生成的虚拟环境和交互手段，人们可以"沉浸"其中，可以更加生动、形象地感受到科学计算可视化的结果。

7.2.2 信息可视化

信息可视化（Information Visualization，InfoVis）是情报学领域一个较新的研究热点。国外信息管理与信息系统专业、图书情报学专业对这一领域的研究非常活跃，一些大学的信息管理类专业开设了这方面的课程。对信息可视化技术进行分类，可以对其方法和应用目的更加明确，从而帮助用户针对问题和应用领域选择合适的可视化技术；同时，可以发现现有可视化研究的不足，从而促使研究人员开发更新的可视化技术。

在可视化领域，一般将信息数据分为如下 6 类。

1. 一维数据

这类数据以一维向量为主，只具有单一属性，主要用来表征数值、时间、方向等具有射线属性的一维坐标信息。

2. 尺寸数据

这类数据主要出现在平面设计、地理图件和地理信息系统相关的应用领域，一般采用横纵坐标法呈现其数据，可以充分将横向和纵向的位置信息显现出来，并且可以利用相应的位置坐标数据做空间信息计算，如求最短路程、最小面积和最小高程等。

3. 三维数据

三维数据包含 3 个维度的属性信息，能够更加立体和直观地展示事物的立体属性和物理状态。该数据类型的应用领域比较广泛，我们熟知的医学、地质、气象、工业工程设计等领域都离不开三维数据类型的支撑。

4. 多维数据

这类数据包含 4 个或 4 个以上的属性信息，主要用于分析多维数据内部属性的关联和相互关系。该类数据以财务与统计数据为主，主要用于分析过往的财务状况，预测未来的可能的发展趋势等。这是信息可视化研究的一个重要方向。

5. 分层数据

分层数据模型是一种抽象的分类数据集合模式，是比较常见的数据关系。传统的图书馆资源管理模型和窗口系统资源管理模型使用的就是典型的分层数据，这类模型将现实的事务管理做分层、分类处理，以达到科学、高效管理的目的。

6. 文本数据

这类数据形式多样，如报纸、邮件、新闻等信息都可以作为文本数据。有大量多媒体和超文本信息的互联网成为文本数据的主要来源之一。

7.2.3　可视化分析学

可视化分析学是通过交互式可视化界面促进分析推理的一门科学。可视化分析学尤其关注的是意会和推理，科学可视化处理的是那些具有天然几何结构的数据，信息可视化处理的是抽象数据结构，如树状结构或图形。人们可以利用可视化分析工具从海量、多维、多源、动态、时滞、异构、含糊不清甚至矛盾的数据中综合出信息并获得深刻的见解，能发现期望看到的信息并觉察出没有想到的信息，能提供及时的、可理解的评价，在实际行动中能有效沟通。

可视化分析学是一个多学科领域，涉及以下方面。一是分析推理技术，它能使用户获得深刻的见解，这种见解直接支持评价、计划和决策的行为。二是可视化表示和交互技术，它充分利用人眼的宽带宽通道的视觉能力，来观察、浏览和理解大量的信息。三是数据表示和变换，它以支持可视化分析的方式转化所有类型的异构和动态数据。四是支持分析结果的产生、演示和传播的技术，它能与各种观众交流有适当背景资料的信息。

7.3　数据可视化工具

数据可视化工具必须具备的特性如下。

1. 实时性

数据可视化工具必须适应大数据时代数据量的爆炸式增长需求，必须快速收集和分析数据，并对数据信息进行实时更新。

2．简单操作

数据可视化工具满足快速开发、易于操作的特性，能满足互联网时代信息多变的特点。

3．更丰富的展现方式

数据可视化工具需具有更丰富的展现方式，能充分满足数据展现的多维度要求。

4．多种数据集成支持方式

数据的来源不仅仅局限于数据库，数据可视化工具将支持数据仓库、文本等多种方式，并能够通过互联网进行展现。

7.3.1　入门级工具

Excel 作为一个入门级工具，是快速分析数据的理想工具，也能创建供内部使用的数据图，但是 Excel 在颜色、线条和样式上可选择的范围有限，这也意味着用 Excel 很难制作出能符合专业出版物和网站需要的数据图。

数据可视化包含简单图形、动态图表、数据地图和数据动态视频等，可以用很多专业软件制作，但这需要专业知识，要熟悉编程语言，还要购买专用软件并安装，才能实现数据可视化的效果。而在日常生活对数据进行处理应用最广泛的软件是 Office 中的 Excel 组件，它也能让非专业人士实现数据可视化的梦想，让用户认识数据可视化之美。会用 Excel 的人都知道，它是数据处理最方便、实用的软件，它能利用数据透视表功能快速对大量数据分析、汇总，将汇总数据制作成柱状、饼状等图形来展示。

7.3.2　信息图表工具

信息图表是对各种信息进行形象化、可视化加工的一种工具。根据道格·纽瑟姆（Doug Newsom）的概括，作为视觉化工具的信息图表包括图表（chart）、图解（diagram）、图形（graph）、表格（table）、地图（map）和列表（list）等。下面介绍 8 种信息图表工具。

1．Visem

Visem 是一款包含大量素材的免费信息图表工具，如图 7-1 所示。用户可以借助它"直观地呈现"复杂的数据。无论用它来构建演示文稿，还是创建有趣的图表，这款工具都是可以胜任的。其包含 100 个风格各异的免费字体，还有数千张高质量的图片。如果用户觉得静态的信息图表不足以展示信息，还可以使用它来生成音频和视频，制作成漂亮的动画。

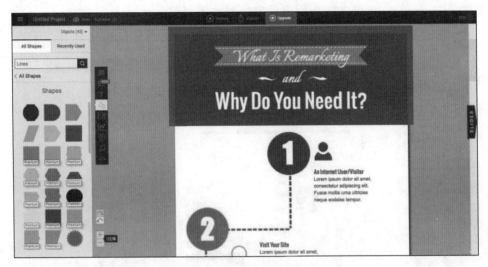

图 7-1　Visem 可视化工具

2. Canva

Canva 是目前最著名的信息图制作工具，如图 7-2 所示。它是一款便捷的在线信息图表设计工具，适用于各种设计任务（从制作小册子到制作演示文稿），还为用户提供庞大的图片素材库、图标合集和字体库。

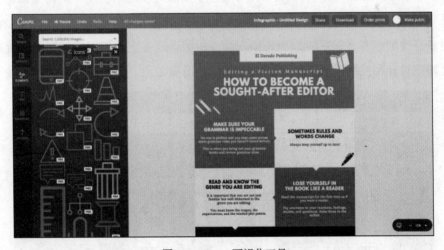

图 7-2　Canva 可视化工具

3. Google Charts

Google Charts 不仅可以帮用户设计信息图表，甚至可以帮用户展示实时的数据，如图 7-3 所示。作为一款信息图表的设计工具，Google Charts 内置了大量可供用户控制和选择的选项，用来生成足以让用户满意的图表。通过来自 Google 公司的实时数据的支撑，Google Charts 的功能比用户想象的更加强大和全面。

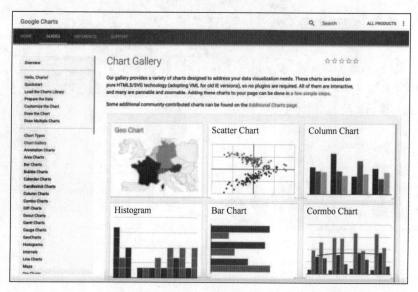

图 7-3　Google Charts 可视化工具

4．Piktochart

Piktochart 是一款信息图表设计和展示工具，如图 7-4 所示。用户所需要做的，只是单击几下鼠标，就可以将无聊的数据转化为有趣的图表。Piktochart 的自定义编辑器能够让用户修改配色方案和字体，插入预先设计的图形或者图片，内置的栅格系统能够帮用户更好地对齐和控制排版布局，功能上够用且便捷无比。

图 7-4　Piktochart 可视化工具

5. Infogram

Infogram 算是老牌信息图表设计工具了，它同样是免费的，如图 7-5 所示。它内置大量的图表样式供用户使用，允许上传图片和视频，可以像 Excel 一样输入，然后生成不同样式的设计。这款工具能够自动地调整信息图表的外观，以匹配不同类型的数据，更好地进行展示。

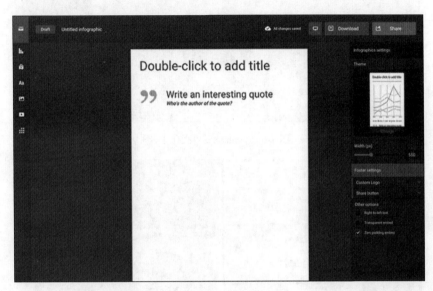

图 7-5　Infogram 可视化工具

当用户对自己的信息图表设计足够有信心的时候，能够将它发布到 Infogram 的网站上，分享给其他人。

6. Venngage

Venngage 同样是一款颇为优秀的信息图表设计和发布工具，其最突出的特性是"易用性"，如图 7-6 所示。用户可以在 Venngage 内置的各种模板的基础上制作信息图表，其内置的模板、上百个图表和图标样式可以让用户结合自己的图片素材生成足以匹配需求的信息图表。同样，用户可以生成信息动画，让自己的数据更好地呈现出来。

7. Easel.ly

Easel.ly 是一款免费的信息图表设计工具，如图 7-7 所示。它是基于网站来为用户提供信息图表设计服务的，内置模板，允许用户轻松定制。它内置诸如箭头这样基本的图形、各种图表和图标，以及自定义字体色彩这种不可或缺的功能模块，用户可以上传各种自制的素材来完善设计。

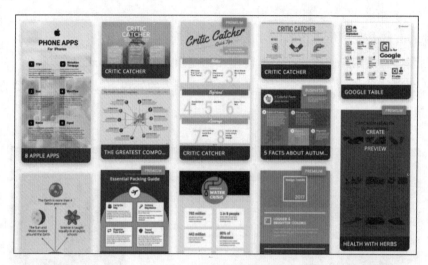

图 7-6　Venngage 可视化工具

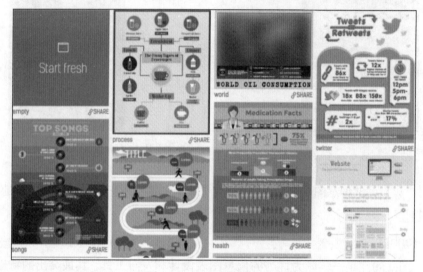

图 7-7　Ease.ly 可视化工具

7.3.3　地图工具

1. MapShaper

MapShaper 适用的数据形式不再是一般人都能看懂的表格，而是需要特定的格式，包括 shapefiles（文件名一般以.shp 作为后缀）、geoJSON（一种开源的地理信息代码，用于描述位置和形状）及 topoJSON（geoJSON 的衍生格式，主要用于拓扑形状，比较有趣的应用案例是以人口规模作为面积重新绘制行政区域的形状和大小，这一类图被称为 cartogram）。

对需要自定义地图中各区域边界和形状的制图师而言，MapShaper 是个极好的入门级工具，其简便性也有助于地图设计师随时检查数据是否与设计图相吻合，修改后还能够以多种格式输出，进一步用于更复杂的可视化产品。可视化案例如图 7-8 所示。

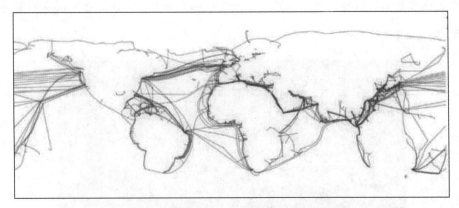

图 7-8　用 MapShaper 制作的世界海底通信线缆

2. CartoDB

CartoDB 工具如图 7-9 所示，目前已经吸引 12 万用户制作了超过 40 万张地图。这些用户将世界上一些有趣的主题，如全球"粉丝"对 Beyonce 最新专辑发布的实时反应等，变成互动性强、好玩的可视化作品。

图 7-9　CartoDB 可视化工具

只要用户上传数据，CartoDB 就能自动检测出地理数据，然后分析文件中其他的信息并提出一系列地图格式建议，以供用户选择与修改，方便实用，非常合适缺乏编程基础又想尝试可视化的人士使用。

3. mapbox

mapbox（见图 7-10）是制图专业人士的工具，可以制作独一无二的地图，从马路的颜色到边境线都可以自行定义。它是一个收费的商业产品，Airbnb、Pinterest 等公司都是其客户。

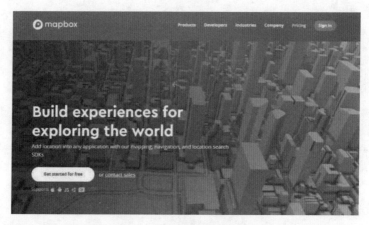

图 7-10 mapbox 可视化工具

通过 mapbox，用户可以保存自定义的地图风格，并应用于前面提到的 CartoDB 等产品。另外，它还有专属的 JavaScript 函数库。

4. Map Stack

Map Stack 是由可视化设计机构 Stamen（这家"机构"自称既非研究所又非公司，却以盈利为目的，非常独特）推出的免费地图制作工具，简便易用，如图 7-11 所示。

图 7-11 Map Stack 可视化工具

7.3.4　高级分析工具

1. R

数据可视化本身是一门复杂的学科，包含了很多方面，在 R 中实现的数据可视化，目前主要是数据的统计图展示。展示分为低维数据的展示和多维数据的展示。由于 ggplot2 图形系统是 R 中功能最强大的图形系统，使用 ggplot2 展示的数据更加美观和方便，因此本节在展示 R 中的各类统计图时选用 ggplot2 图形系统。

在使用 ggplot2 之前，需要先安装并载入该包，代码如下。

```
> install.packages("ggplot2")
> library(ggplot2)
```

使用 R 语言绘制的散点图是数据点在直角坐标系平面上的分布图。它用于研究两个连续变量之间的关系，是一种最常见的统计图形，如图 7-12 所示。

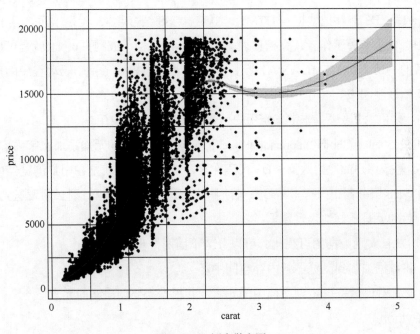

图 7-12　R 语言散点图

使用 R 语言绘制的直方图（Histogram）又被称为质量分布图，是一种统计报告图，如图 7-13 所示。直方图由一系列高度不等的纵向条纹或线段表示数据分布的情况，一般用横轴表示数据类型，纵轴表示分布情况。

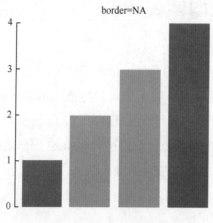

图 7-13　R 语言直方图

2. D3

D3 的全称是 Data-Driven Documents（数据驱动文档），是基于数据的文档操作 JavaScript 库。D3 能够把数据和 HTML、SVG、CSS 结合起来，创造出可交互的数据图表。其中，数据来源于作者，文档代表基于 Web 的文档（或网页），也就是可以在浏览器中展现的一切（如 HTML、SVG 等），而 D3 相当于扮演了一个驱动程序的角色，将数据和文档联系起来。

D3.js 采用链式语法，非常方便用户对库中函数方法的引用。

例如，d3.select("body").append("p").text("New");语句为 p 元素添加文字内容。

D3 不隐藏用户的原始数据。D3 代码在客户端执行（也就是在用户浏览器中执行，而不是在 Web 服务器中执行），因此，若用户想要可视化的数据，则必须发送到客户端。可视化的目的就是更好地表现数据。

通过 D3.js 实现数据的可视化，可以分为下面两个步骤。

（1）将数据加载到浏览器的内存空间中。

（2）把加载的数据绑定到文档中的元素，并根据需要创建新的元素。

3. Python

Python 让用户很容易就能实现可视化——只需借助可视化的两个专属库（libraries）——Matplotlib 和 Seaborn。

Matplotlib：基于 Python 的绘图库为 Matplotlib 提供了完整的 2D 图形和有限 3D 图形支持。这对在跨平台互动环境中发布高质量图片很有用。它也可用于动画。

Seaborn 是 Python 中用于创建丰富信息和有吸引力图表的统计图形库。这个库是基于 Matplotlib 的。Seaborn 提供多种功能，如内置主题、调色板、函数和工具，来实现单因素、双因素、线性回归、数据矩阵、统计时间序列等的可视化，以让我们来进一步构建复杂的可视化结果。

7.4　数据可视化案例

7.4.1　数字美食

《数字美食》赢得了"The Dataviz 项目金奖"及"杰出个体奖"两个奖项，获奖者是 Moritz Stefaner，他是一名专注于研究数据可视化的独立设计师。

《数字美食》是设计师用艺术与设计的手法展示美味佳肴的制作过程的一种尝试，如图 7-14 所示。设计师从某种特别的味道和口感，到不同的温度与肌理，甚至于装盘时体现出来的每一个小小的烹饪细节，用 2D 或 3D 的方式，展现出各种不同的具体形象。

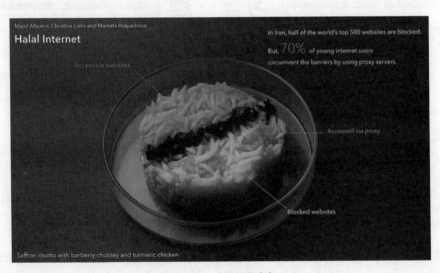

图 7-14　《数字美食》

7.4.2　空中的间谍

《空中的间谍》出自美国新闻网站 Buzzfeed 的两名编辑 Peter Aldous 和 Charles Sefie。

凭借《空中的间谍》，两人获得"最美奖"和"数据新闻金奖"两项大奖。

《空中的间谍》详细展现了美国联邦调查局和国土安全局通过飞机在美国各大城市进行空中监视的情况，如图 7-15 所示。Buzzfeed 通过分析航班实时追踪网站 Flightradar24 从 2015 年 8 月中旬到 12 月末的飞行器位置数据，绘制出了这张飞行轨迹图，且可以拖动时间进度条，以查看单架飞机的航线及每天的具体情况。

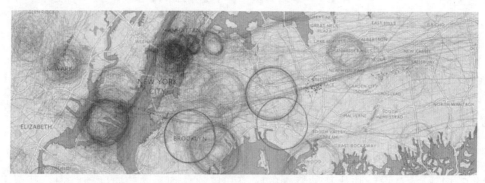

图 7-15 《空中的间谍》

习　　题

7-1 数据可视化的意义是什么？

7-2 简述数据可视化的发展现状。

7-3 数据可视化的技术类型有哪些？

7-4 数据可视化的典型工具有哪些？

本章参考文献

[1] 杨彦波，刘滨，祁明月. 信息可视化研究综述[J]. 河北科技大学学报，2014，35（01）：91-102.

[2] 赵林，王丽丽，刘艳，等. 电网实时监控可视化技术研究与分析[J]. 电网技术，2014，38（02）：538-543.

[3] 程时伟，孙凌云. 眼动数据可视化综述[J]. 计算机辅助设计与图形学学报，2014，26（05）：698-707.

[4] 赵颖，樊晓平，周芳芳，等. 网络安全数据可视化综述[J]. 计算机辅助设计与图形学学报，2014，26（05）：687-697.

[5] 刘健，姜晓轶，范湘涛. 海洋环境信息可视化研究进展[J]. 海洋通报，2014，33（02）：235-240.

第8章
大数据与云计算

　　如果说数据可视化技术为人类探索数据的征程装上了眼睛，那么云计算就为人类探索数据的努力装上了大脑。随着信息化时代的不断深入，信息数据的量级已经远远超越了个人计算机和中小型服务器的存储容量和处理能力，而同时因为全球化网络的互连互通和计算机设备的不断普及，又有很多大型网络服务器或者网络中心的机器处于无用的或者小负载浪费存储和计算能力的处境中，这个时候云计算就可以为数据的应用和闲置的网络资源建立桥梁，也为整个信息时代的发展提供新的发展思路，并且随着网络传输速度的不断提高，人们越来越发现云计算具有可观的发展前途和光明的前景。

　　本章主要内容如下。

　　（1）云计算的概念与特点。

　　（2）云计算的分类。

　　（3）云计算的体系架构。

　　（4）大数据与云计算未来的发展方向和趋势。

　　（5）大数据与云计算在生产生活中的应用。

8.1　什么是云计算

8.1.1　云计算的概念与特点

1. 云计算含义

　　其实，云计算（Cloud Computing）既不是一个独立的实体产品，也不是一项新发明的 IT 技术，而是一种融合已有技术并获取更强的计算能力的新方式，至今还没有统一的、一致的定义，下面是几个比较典型的定义。

（1）Google 公司的定义：云计算是拥有开放标准和基于互联网服务的，可以提供安全、快捷和便利的数据存储和网络计算服务的系统。

（2）美国国家标准与技术研究院（NIST）的定义：云计算是一种应用资源模式，它可以根据需要用一种很简单的方法通过网络访问已配置的计算资源。这些资源由服务提供商以最小的代价或专业的运作快速地配置和发布。

（3）维基（Wiki）的定义：云计算是一种通过互联网以服务的方式提供动态可伸缩的虚拟化的资源的计算模式。

实质上，云计算是分布式计算（Distributed Computing）、并行计算（Parallel Computing）、效用计算（Utility Computing）、网络存储（Network Storage Technologies）、虚拟化（Virtualization）、负载均衡（Load Balance）等传统计算和网络技术融合而成的产物。

2. 云计算特点

（1）超大规模。目前，Google 云计算已经拥有服务器达 100 多万台，Amazon、IBM、Microsoft、Yahoo 等公司的"云"也都分别拥有数十万台服务器。即使企业自己使用的私有云，一般也都拥有数百台乃至上千台的服务器。正因为"云"拥有众多的服务器，"云"才能给予用户强悍的计算能力。

（2）虚拟化。云计算支持用户在"云"覆盖的范围内随时随地、使用各种各样的终端获取云服务。用户所请求的资源来自"云"，而不是固定的物理实体。用户的应用在"云"中的运行，对用户来说是透明的，用户无须了解、也不用考虑该应用运行的具体位置。因此，只需要一台笔记本电脑甚至一部手机，就可以通过网络来实现用户需要的服务，有时甚至包括超级计算。

（3）高可靠性。"云"使用了数据多副本容错、计算节点同构可互换等措施来保障服务的高可靠性，从而有效地保障了云计算的可靠性。

（4）通用性。云计算不针对任何特定的应用，在"云"的支撑下，我们可以构造出千变万化的应用，同一个"云"可以同时支撑不同的应用同时运行。

（5）高可扩展性。"云"的规模可以弹性伸缩，满足应用和用户规模增长的需要。

（6）按需服务。"云"是一个庞大的资源池，用户可根据自己的需要自行决定购买什么服务，购买多少服务，购买多长时间的服务等。

（7）极其廉价。

①构建"云"的节点廉价。"云"由极其廉价的节点构成，而不采用复杂而昂贵

的节点进行构建。②管理成本廉价。"云"的自动化集中式管理使大量企业无须负担日益高昂的数据中心管理成本。③资源通用性强。"云"的强通用性使资源的利用率有大幅度提升。

云计算的缺点：云计算既提供计算服务，又提供数据存储服务，潜在的危险性较大。因此，必须加强数据的安全保障。

8.1.2　云计算的分类

1. 公有云

公有云（Public Cloud）通常指云的提供商向普通用户提供使用权的云。公有云一般可通过 Internet 使用，可在当今整个开放的公有网络中使用。一般来说，公有云可免费使用或使用费用低廉。

公有云的特点如下。

（1）数据安全性相对较差。

（2）价格相对便宜。云计算对用户端的设备要求较低。

（3）数据共享方便。云计算可以轻松实现不同设备间的数据与应用共享。

（4）多方式使用网络。云计算为用户使用网络提供了多种可能方式。

2. 私有云

私有云（Private Clouds）是为某一个特定客户单独使用而构建的，因而向该用户提供的对数据、安全及服务质量等的控制都是极为有效的，该用户几乎可以完全控制在此私有云上部署的应用程序。私有云可被部署在企业数据中心的防火墙内，也可以被部署在一个安全的主机托管场所。

私有云的特点如下。

（1）数据相对安全。

（2）服务质量稳定。

（3）硬件受限制。

（4）不影响私有云用户的现有 IT 管理的流程。假如使用公有云，IT 部门流程将会受到很多冲击，如在数据管理方面和安全规定等方面。

3. 混合云

混合云（Hybrid Cloud）融合了公有云和私有云，是近年来云计算的主要模式和发展方向。私有云主要面向企业用户，出于安全考虑，企业更愿意将数据存放在私有云中，但是同时又希望可以获得公有云的计算资源，在这种情况下，混合云被越来越多地采用，它对公有云和私有云进行融合和匹配，以获得更佳的效果，这种个性化的解决方案，达到了既省钱又安全的目的。

8.1.3　云计算与分布式计算的区别

分布式计算是一种把需要进行大量计算的整体数据分解为若干个小块数据，由多台计算机分别计算各个小块数据，然后将各个小块数据的计算结果统一合并，得到整体数据结论的计算方式。云计算本身也属于分布式计算的范畴，当然也具有分布式、并行等特征。但云计算并不是分布式计算的简单升级，它与分布式计算有着极大的差异。分布式中的计算节点的构建，一般是为完成某一个特定任务的需要而建立的，因此其节点具有较强的针对性，即通用性较差；云计算一般来说都是为通用应用而设计的，通用性更强。分布式计算作为一种面向特殊应用的解决方案，仍将继续在某些特别领域存在，而云计算则会深入地影响整个 IT 行业乃至人类社会的生产、生活。

云计算是一种"生产者-消费者"模型，用户通过互联网获取云计算系统提供的各种服务。分布式系统是一种"资源共享"模型，资源提供者亦可成为资源消费者。云计算采用集群来存储和管理数据资源，运行的任务以数据为中心，而分布式计算则以计算为中心。分布式系统将数据和计算资源虚拟化，而云计算则进一步将硬件资源虚拟化。分布式系统内各节点采用统一的操作系统，而云计算在各种操作系统的虚拟机上提供各种服务。

8.1.4　云计算的体系架构

1. 云计算的服务模式

云计算的典型服务模式有 3 类：软件即服务（Software as a Service，SaaS），平台即服务（Platform as a Service，PaaS）和基础即服务（Infrastructure as a Service，IaaS）。云计算架构可参考图 8-1 和图 8-2。

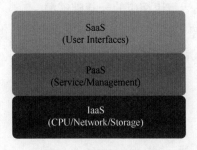

图 8-1　云计算平台架构

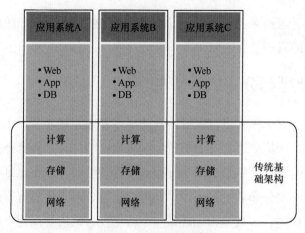

图 8-2　云计算基础架构

（1）SaaS（软件即服务）

该层通过部署硬件基础设施对外提供服务。用户可以根据各自的需求购买虚拟或实体的计算、存储、网络等资源。用户可以在购买的空间内部署和运行包括操作系统和应用程序在内的软件，而无须管理或控制任何云计算基础设施（事实上也不能管理或控制），但用户可以选择操作系统、存储空间并部署自己的应用，也可以控制有限的网络组件（如防火墙、负载均衡器等）。

（2）PaaS（平台即服务）

该层将云计算应用程序开发和部署的平台作为一种服务提供给客户，该服务包括应用设计、应用开发、应用测试和应用托管等。开发者只需要上传代码和数据就可以使用云服务，而不需关心底层的具体实现方式和管理模式。

（3）IaaS（基础即服务）

该层指云计算服务商提供虚拟的硬件资源，用户通过网络租赁即可搭建自己的应用系统。IaaS 属于底层，可向用户提供可快速部署、按需分配、按需付费的高安全与高可靠的计算能力，并可向用户提供存储能力的租用服务，还可为应用提供开放的云服务接口，用户可以根据业务需求，灵活租用相应的云基础资源。

无论是 SaaS、PaaS 还是 IaaS，其核心理念都是为用户提供按需服务。总体上来说，云计算通过互联网将超大规模的计算与存储资源整合起来，再以可信任服务的形式按需向用户提供。

2. 云计算的主要技术

（1）虚拟化技术

虚拟化指计算单元不在真实的单元上而在虚拟的单元上运行，是一种优化资源和简化管理的计算方案。虚拟化技术适合在云计算平台中应用，虚拟化的核心解决了云计算等对硬件的依赖，提供统一的虚拟化界面；通过虚拟化技术，人们可以在一台服务器上运行多台虚拟机，从而实现了对服务器的优化和整合。

虚拟化技术使用动态资源伸缩的手段，降低了云计算基础设施的使用成本，并提高负载部署的灵活性。例如，当虚拟化数据中心需要维护和管理时，并不需要关闭虚拟机或关闭程序，只需要把虚拟机迁移到另一台服务器上。因此，云计算在数据中心虚拟化过程中，具有在线迁移、低开销管理、服务器整合、灵活性和高可用性等优势，为云计算在部署资源池层提供新的解决思路。

（2）中间件技术

支持应用软件的开发、运行、部署和管理的支撑软件被称为中间件。中间件是运行在两个层次之间的一种组件，是在操作系统和应用软件之间的软件层次。中间件可以屏蔽硬件和操作系统之间的兼容问题，并具有管理分布式系统中的节点间的通信、节点资源和协调工作等功能。通过中间件技术，我们可将不同平台的计算节点组成一个功能强大的分布式计算系统。而云环境下的中间件技术，其主要功能是对云服务资源进行管理，包含用户管理、任务管理、安全管理等，为云计算的部署、运行、开发和应用提供高效支撑。

（3）云存储技术

在云计算中，云存储技术通常和虚拟化技术相互结合起来，通过对数据资源的虚拟化，提高访问效率。目前数据存储技术 HDFS（Hadoop Distributed File System，开源）和 Google 公司的 GFS（Google File System，非开源）具有高吞吐率、分布式和高速传输等优点，因此，采用云存储技术，可满足云计算为大量用户提供云服务的需求。

8.1.5　云计算需要解决的问题

云计算的概念已提出好几年了，云计算研究时间更长，但云计算至今仍有很多问题有待解决或完善。

1. 标准化问题

现有的云计算部署相对分散，各自内部能够实现虚拟资源的自动分配、管理和容错等，但各云计算之间的交互还没有统一的标准。关于云计算的标准化工作还需要更进一步的研究，还有一系列亟待解决的问题。

2. 数据安全和隐私问题

在云计算中，用户数据存储在云端，如何保证用户的数据不被非法访问和泄露，是云计算必须解决的两个重要问题，即数据的安全和隐私问题。

3. 网络稳定性问题

云计算提供的云服务要求网络连接具有持续性，Web 应用程序的效率，在带宽不足或不良的网络连接环境下，将会大大缩减。即使网速相当快，数据资源在用户端和服务器集群之间不断传输，也将导致 Web 应用程序比桌面应用程序反应慢。此外，网络有时会受到一些外力因素的影响而出现故障。如何应对这些突发情况，云计算中心又如何快速恢复故障，也是必须考虑的问题。

关于云安全的问题，我们需要给予高度的重视。

1. 云计算的主要安全风险

（1）来自云计算服务提供商的安全风险。

（2）来自网络的安全风险。

（3）来自虚拟化的安全风险。

（4）边界安全模型失效带来的安全风险。

2. 目前关于云计算安全性的研究

安全性研究集中在云计算安全标准的建立、可信访问控制、数据隐私保护、虚拟安全技术等方面。目前这些技术都未十分成熟，普通用户还不能完全依赖服务商和安全技术来保障自己的数据安全。

3. 降低云计算安全风险的措施

（1）选择相对可靠的云计算服务提供商。

（2）经常备份数据。

（3）增强安全防范意识，不将敏感或核心数据放在云端。

（4）增强访问控制，明确谁可以访问哪些数据。

8.1.6　具有代表性的云计算厂商

Google 公司最早提出云计算概念，正在运营的云计算商用平台被称为 Google 应用引擎。平台上开发完善了操作系统 Chrome OS、MapReduce 编程模型、GFS 文件系统和 BigTable 数据管理。Google 公司推出了许多新的应用，从文档 Google Docs、图片 Google Picasa、邮件 Gmail，到日程 Google Calendar、地图 Google Map、翻译 Google Translate 等，其应用涵盖桌面计算机日常应用的各个方面。

Amazon 公司在 2011 年全美评选的十大"云计算"供应商中排名第一。其云计算主要提供底层的数据存储、计算机处理、信息排队和数据库管理系统等服务，不包括应用

层面的服务。Amazon 公司的云计算名为 AWS（Amazon 网络服务），包括 4 个部分：S3
（简单的存储服务）、EC2（弹性计算云）、SQS（简单排列服务）、Simple DB（分布式数
据存储）。

IBM 公司推出的"蓝云计划"在全球建立了数十家云计算中心，在中国选择了北京
和无锡作为其基地。IBM 公司的蓝云平台由数据中心、管理软件、监控软件、应用服务
器、数据库及一些虚拟化组件共同组成，是一个企业级的解决方案。

Microsoft 云计算包括 3 种运营模式：第一种模式是公司自己为客户提供公有云服务；
第二种模式是和合作伙伴一起开发应用为客户服务；第三种模式是客户建立自己的私有
云，Microsoft 公司提供平台、产品、技术等支持。Microsoft 公司在部署模式上全面覆盖
了私有云、公有云和混合云的构建，提供的服务包括 IaaS、PaaS 和 SaaS。

阿里（Alisoft）中小企业管理软件平台也产生了很大的影响。2009 年，阿里巴巴集团成
立子公司"阿里云"，并专注于云计算领域的研究和开发。2012 年，阿里云为 CSDN 量身打
造的基础云平台的第一个服务云邮箱正式上线运营，紧接着开放了存储业务。同年，阿里云
联手天语打造出新一代云智能手机。

2011 年 6 月 7 日，Apple 公司正式发布了 iCloud 云服务，该服务可以让 Apple 设备
实现无缝对接。iCloud 让使用者可以免费存储 5GB 的资料，使用者可存储并访问自己的
音乐、照片、应用程序、日历、文档及更多内容，并以无线方式推送到自己的所有设备，
一切都能自动完成。

华为云成立于 2011 年，隶属于华为公司。为加快华为云的发展，2017 年 3 月起，
华为公司专门成立了 Cloud BU，全力构建并提供可信、开放、全球线上线下服务的公有
云。截至 2017 年 9 月，华为公司共发布了 13 大类共 85 个云服务，除服务于国内企业，
还服务于欧洲、美洲等全球多个区域的众多企业。华为云立足于互联网领域，依托华为
公司雄厚的资本和强大的云计算研发实力，面向互联网增值服务运营商、大中小型企业、
政府、科研院所等广大用户提供包括云主机、云托管、云存储等基础云服务，以及超算、
内容分发与加速、视频托管与发布、企业 IT、云会议、游戏托管、应用托管等服务和解
决方案。

8.2　大数据与云计算的关系

大数据复杂的需求对技术实现和底层计算资源提出了高要求，而云计算所具备的弹

性伸缩、动态调配、资源虚拟化、支持多租户、支持按量计费或按需使用及绿色节能等基本要素，正好契合了新型大数据处理技术的需求，也正在成为解决大数据问题的未来计算技术发展的重要方向。大数据与云计算的关系可参考图8-3。

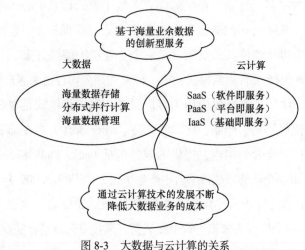

图 8-3　大数据与云计算的关系

8.2.1　云计算将改变大数据分析

首先，云计算为大数据提供了可以弹性扩展且又相对便宜的存储空间和计算资源，使中小企业可以通过云计算来完成大数据分析。

其次，云计算IT资源庞大，分布又相对广泛，是异构系统较多的企业及时准确处理数据的有力高效方式，甚至可以说是目前相对可实施的有效的唯一方式。大数据要走向云计算，还要依赖数据通信带宽的提高和云资源的建设，也需要确保原始数据较容易地迁移到云计算系统中，同时更需要云资源池能"随心所欲"地随需扩展。

8.2.2　大数据与云计算的区别和联系

大数据与云计算都是为数据存储和处理服务的，都需要占用大量的存储和计算资源，因而都要用到海量数据存储技术、海量数据管理技术等并行处理技术。大数据与云计算主要有以下几点区别。

（1）目的不同。大数据的目的是充分挖掘海量数据中的信息，以发现数据中的价值；云计算的目的是通过互联网更好地调用、扩展、管理及存储方面的资源和能力，即云计算以调用计算资源和存储资源为目的，以节省企业的IT部署成本。

（2）处理对象不同。大数据的处理对象是数据；云计算的处理对象是计算资源、存储资源和应用。

（3）推动企业不同。大数据的推动力量是从事数据存储与处理的软件厂商和拥有海量数据的企业；云计算的推动力量是拥有强力计算资源和海量存储资源的企业。

云计算强调的是计算，而数据仅是其计算的对象，如果结合具体的实际应用，云计算强调的是计算能力，大数据更侧重于存储能力。因此，大数据和云计算在很大程度上是相辅相成的。以云计算为基础的信息存储、分享和挖掘手段为知识生产提供了工具，而对大数据的分析、预测，会使决策更加精细，两者相得益彰。从另一个角度讲，云计算是一种 IT 理念、技术架构和标准，而云计算也会不可避免地产生大量数据。所以说，大数据技术和云计算的发展密切相关，大型的云计算应用中不可或缺的就是大数据中心的建设，大数据技术是云计算技术的延伸。大数据为云计算的规模扩展提供了应用空间，解决了传统计算方式无法解决的问题。

如果我们把大数据比作一座蕴含着巨大潜在价值的"金矿"，那么云计算就可以被看作挖金的有力工具，即云计算为大数据提供了有力的工具和途径，大数据为云计算提供了有效的用武之地。从所使用的技术来看，大数据可以被理解为云计算的延伸。云计算可以为大数据提供强大的存储和计算能力，也可为大数据提供更高速的数据处理服务；而来自大数据的业务需求，则为云计算的落地找到更多更好的实际应用。大数据若与云计算相结合，将相得益彰，互相都能发挥最大的优势。

8.2.3　大数据与云计算未来的发展方向和趋势

虽然大数据目前在国内还处于初级阶段，但是商业价值已经初步显现出来。未来，数据可能成为最大的交易商品。但数据量大并不能算大数据，大数据的特征是数据量大、数据种类多、非标准化数据经处理后产生较大的价值。因此，大数据的价值是通过数据共享、交叉复用后才可能达到最大化的。未来大数据将会如道路、桥梁等基础设施一样，有数据提供方、管理者、监管者，数据的交叉复用将把大数据变成一大产业。大数据的整体态势和发展趋势主要体现在如下几个方面：大数据与学术、大数据与人类的活动、大数据的安全隐私、关键应用、系统处理和对整个产业的影响。在整体态势上，数据的规模将变得更大，数据资源化、数据价值将更加凸显，数据私有化和联盟共享将更加普遍。大数据的发展会催生许多新兴职业，如数据分析师、数据科学家、数据工程师等，有非常丰富的数据经验的人才会成为稀缺人才。随着大数据的发展，数据共享联盟将逐渐壮大成为产业的核心一环。随着大数据的共享越来越普遍，隐私问题也随之而来，例如每天手机产生的通话、位置等给人们带来了便利的同时，也带来了个人隐私的问题。

数据资源化，大数据在国家、企业、社会层面成为重要的战略资源，成为新的战略制高点。

目前，大数据时代悄然降临，云计算的作用更为凸显。云计算作为一种融合的计算模式，在企业及日常生活应用的范围不断扩大，必将对云计算产业链的上游产业和下游产业产生非常巨大的影响。未来需求的日益增多，云计算将要朝着哪些方向发展，目前就下结论还为时尚早，估计云计算未来可能会有以下 4 个发展方向。

1. 混合云

简单来说，混合云就是既含有公有云，又包括私有云。私有云和公有云有自己的优缺点，私有云的优点是安全性相对比较强，公有云的优点是价格相对便宜；而私有云的缺点是硬件受限制，公有云的缺点是安全性比较差。在这种矛与盾的冲突下，混合云将两者相结合，取长补短，完美地弥补了双方的缺点。混合云一方面可以利用私有云本身的安全性特征，另一方面还可以使用公有云的计算资源和可扩展性。相信云计算的主要发展趋势之一就是大批量用户将使用混合云平台。

2. 大数据分析

在信息时代，很多行业都面临着海量数据所带来的挑战，大数据分析随之产生。对大数据进行分析能够更好地为企业和相应用户提供服务。云计算具有很强的可扩展性，运用到大数据领域中，可以为大数据提供一个开放的分析平台，从而及时且经济、高效地完成复杂的数据分析任务。未来云计算将广泛运用在大数据分析中。

3. 个性化定制服务

目前，云计算供应商与日俱增，如何在激烈的竞争中脱颖而出呢？"私人定制"是非常有必要的。当客户有很多选择时，就会根据使用体验提出更高的要求，甚至介入被服务的过程中。随着云计算的不断升级，统一的基于云计算的云服务已不能完全满足企业的需求，不同企业需要更具有针对性的解决方案，个性化定制云服务，将更能赢得市场。

4. 云游戏

云计算在游戏方面已创造了一个新的产业——云游戏。在云游戏运行过程中，游戏都在服务器端运行。举一个十分易懂的例子，用户可以用一个配置比较低的"上网本"来玩"魔兽世界"游戏。云游戏虽然目前还没有普及，并且还有不少缺陷，但是随着技术的发展，云计算将变得更加成熟，并且云游戏本身也一直在不断改善之中。云游戏作为一个新产业，在未来将是较具吸引力的产业之一，成为未来游戏的主要形式，云游戏也将是云计算的一大发展趋势。

8.2.4　大数据与云计算在生产生活中的应用

1. 智慧医疗

根据 IBM 公司提供的数据，上海市卫生信息系统每天产生 1000 万条数据，已建立起 3000 万个电子健康档案，每天被调阅 1 亿次，信息总量已达 20 亿条。据预计，到 2020 年，医疗数据将急剧增长到 35ZB（约 3.5×10^{22} 字节），相当于 2009 年数据量的 44 倍。随着大数据时代的到来，医疗行业的信息化也迎来自己的"大数据时代"。如何将患者的被动性参与转向主动健康管理，从单一案例效果评估转向过程性、全程性的整体评估和体验；从病种数据管理扩展到健康数据管理，从关注争端和治疗技术跨跃到预防、护理和康复环节是未来医疗行业需要关注和解决的问题。大数据技术是解决这些问题的重要途径。基于大数据技术，有朝一日，机器的诊疗准确率甚至可能超过人类历史上最有名的医生，智慧医疗将是大数据的下一站之一。

（1）疾病诊疗

塞顿健康护理公司（Seton Healthcare）是采用 IBM 公司最新沃森技术医疗保健内容分析预测的首个客户。沃森技术允许企业找到与大量病人相关的临床医疗信息，通过大数据处理，更好地分析病人的信息。在癌症治疗领域，目前需要一个月或更长时间才能制定出针对性的药物治疗方案，未来利用沃森技术的认知计算技术可以将周期缩短至一天，极大提高癌症患者的治愈率。

（2）疾病预测

疾病预测即基于人们的搜索情况、购物行为预测大面积疫情爆发的可能性，最经典的"流感预测"便属于此类。如果来自某个区域的"流感""板蓝根"搜索需求越来越多，则可以在一定程度上推测出该地存在流感的风险。在该领域，包括 Google、百度、Twitter 在内的互联网公司都在尝试利用自己平台的大数据优势做疾病预测的相关分析，甚至已经有相关产品推出。

（3）可穿戴医疗设备

通过可穿戴医疗设备采集用户体征数据（如心率、脉率、呼吸频率、体温、热消耗量、血压、血糖和血氧等），经过大数据技术交叉分析后，可以用来分析用户现在的体质状况、主要健康的风险评估，并结合数据可以给出几项关键生理活动如睡眠、饮食、运动和服药的个性化改善建议，让用户的身体保持在健康状态。

2. 电子商务

我国电子商务行业发展迅猛，产业规模迅速扩大，电子商务信息、交易和技术等服务企业不断涌现。截至 2018 年底，中国电子商务市场交易规模达 29.16 万亿元，同比增长 11.7%。电子商务在我国的经济体系中占据了越来越重要的地位，随着电子商务的迅猛发展，云计算和大数据技术在其中也得到了长足的应用。

（1）个性化商品推荐

跨境电商 Amazon 公司通过传统门店无法比拟的互联网手段，空前地获取了极其丰富的用户行为信息，并且进行深度分析与挖掘。用户行为信息就是用户在网站上发生的所有行为，如搜索、浏览、打分、点评、加入购物筐、取出购物筐、加入收藏列表、购买、使用减价券和退货等；甚至包括在第三方网站上的相关行为，如比价、看相关评测、参与讨论、社交媒体上的交流、与好友互动等。

Amazon 公司通过对这些行为信息的分析和理解，制定对客户的贴心服务及个性化推荐。例如：当客户浏览了多款电视机而没有做购买的行为时，在一定的周期内，该公司把适合客户的品牌、价位和类型的其他电视机促销的信息通过电子邮件主动发送给客户。

这样的个性化推荐服务往往会起到非常好的效果，不仅可以提高客户购买的意愿，缩短购买的路径和时间，通常还可以在比较恰当的时机捕获客户的最佳购买冲动。

（2）个性化营销

"我们的某个客户，是一家领先的专业化妆品零售商，通过当地的百货商店、网络及其邮购目录业务为客户提供服务。公司希望向客户提供差异化服务，通过从推特（Twitter）和脸书（Facebook）上收集社交信息，更深入地理解化妆品的营销模式。随后公司认识到必须保留两类有价值的客户——高消费者和高影响者，希望他们通过接受免费化妆服务后，能进行口碑宣传，这是交易数据与交互数据的完美结合，为业务挑战提供了解决方案。"Informatica 公司（全球领先的独立企业数据集成软件提供商）的大数据技术帮助这家零售商用社交平台上的信息充实了客户数据，使其业务服务更具有目标性。

（3）智慧物流

在以物联网为基础的智慧物流技术流程中，智能终端利用射频识别（RFID）技术、红外感应、激光扫描等传感技术获取商品的各种属性信息，再通过通信手段传递到智能数据中心对数据进行集中统计、分析、管理、共享、利用，从而为物流管理甚至整体商业经营提供决策支持。大数据技术驱动的智慧物流系统极大地降低了物流成本，提高了企业利润，为企业生产、采购和销售系统的智能融合打下了基础，提高了企业的综合竞争力，更能使消费者节约成本并轻松、放心购物。

3. 智慧城市

智慧城市就是运用信息和通信技术手段感测、分析、整合城市运行核心系统的各项关键信息，从而对包括民生、环保、公共安全、城市服务、工商业活动在内的各种需求做出智能响应。其实质是利用先进的信息技术，实现城市智慧式管理和运行，进而为城市中的人创造更美好的生活，促进城市的和谐和可持续发展。具体来说，智慧城市体现在智慧交通、智能电网、智慧食品系统、智慧药品系统、智慧环保、智慧水资源管理、智慧气象、智慧企业、智慧银行、智慧政府、智慧家庭、智慧社区、智慧学校、智慧建筑、智能楼宇、智慧油田、智慧农业等诸多方面。大数据就是智慧城市的"大脑"。下面介绍智慧交通、智能电网。

（1）智慧交通

百度地图是大数据智慧交通的典型应用。百度地图提供了丰富的公交换乘、驾车导航的查询功能，为用户提供最适合的路线规划，使用户不仅知道要找的地点在哪里，还可以知道如何前往。同时，百度地图还提供了完备的地图功能（如搜索提示、视野内检索、全屏、测距等），便于用户更好地使用地图，便捷地找到所求。例如：运用百度地图的语音实时路况提醒功能，可以规划出最佳的下班回家路线，减少道路拥堵的影响。

（2）智能电网

欧洲的部分国家已配备了与智能电网配套的终端设备，即智能电表。在德国，政府鼓励人们利用太阳能，鼓励家庭安装太阳能，电力公司除了卖电给居民，当居民的太阳能有多余电的时候还可以买回来。通过电网每隔 5 分钟或 10 分钟收集一次数据，收集来的这些数据可以用来预测客户的用电习惯等，从而推断出在未来 2～3 个月时间里，整个电网大概需要多少电。有了这个预测，相关部门就可以向发电或者供电企业购买一定数量的电。因为电有点像期货，如果提前买就会比较便宜，买现货就比较贵。通过这个预测，相关部门可以降低采购成本。

习　　题

8-1　什么是云计算？

8-2　云计算的计算框架是什么？

8-3　云计算与大数据的关系是什么？

8-4　云计算未来可能的发展方向是什么？

8-5　简述云计算的实际应用。

本章参考文献

[1] 孙磊，胡学龙，张晓斌，等. 生物医学大数据处理的云计算解决方案[J]. 电子测量与仪器学报，2014，28（11）：1190-1197.

[2] 秦荣生. 大数据、云计算技术对审计的影响研究[J]. 审计研究，2014（06）：23-28.

[3] 魏祥健. 云平台架构下的协同审计模式研究[J]. 审计研究，2014（06）：29-35.

[4] 彭小圣，邓迪元，程时杰，等. 面向智能电网应用的电力大数据关键技术[J]. 中国电机工程学报，2015，35（03）：503-511.

[5] 王德文，孙志伟. 电力用户侧大数据分析与并行负荷预测[J]. 中国电机工程学报，2015，35（03）：527-537.

第9章
大数据与人工智能

本章先讨论什么是人工智能，然后介绍人工智能的发展历史、研究方向和方法，最后介绍在大数据背景下的人工智能发展趋势。

本章主要内容如下。

（1）人工智能的发展历史。

（2）人工智能的研究方向和方法。

（3）人工智能面临的问题。

9.1　什么是人工智能

人工智能（Artificial Intelligence，AI）是研究、开发用于模拟、延伸和扩展人的智能的理论、方法、技术及应用系统的一门新的科学技术。

从字面上看，"人工智能"一词可分为"人工"和"智能"两个部分。"人工"指的是"人工系统"，是人类加工改造的自然系统或人类借助系统创造出的新系统，这个比较好理解。从感觉到记忆到思维这一过程被称为"智慧"，智慧的结果就产生了行为和语言，行为和语言的表达过程被称为"能力"，两者被合称为"智能"。感觉、记忆、回忆、思维、语言、行为的整个过程被称为智能过程，它是智力和能力的体现。

在业界，计算机科学家们对人工智能都有着自己的定义。约翰·郝格兰（John Haugeland）在文章里说"要使计算机能够思考……意思就是有头脑的机器"，帕特里克·温斯顿（Patrick H. Winston）定义自己的工作是"使知觉、推理和行为成为可能的计算的研究"，伊莱尼·里奇（Elaine Rich）的目标是"研究如何让计算机能够做到那些目前人比计算机做得更好的事情"。虽然人们的表述不尽相同，背后的含义却是殊途同归的，都是让计算机像人一样思考，像人一样行动。

9.1.1 人工智能的发展历史

1. 机器人的出现和发展

机器人这一概念在人类的想象中早已出现。制造机器人是人类社会机器人技术研究者的梦想，代表了人类重塑自身、了解自身的一种强烈愿望。自古以来，不少杰出科学家、发明家和能工巧匠制造了大量具有人类特点或具有模拟动物特征的机器人雏形。

早在我国西周时期，就流传着有关巧匠偃师献给周穆王一个艺妓（歌舞机器人）的故事，有《列子·汤问》篇记载为证；还流传了这么一个典故——"偃师造人（见图 9-1）、唯难于心"，就是说技艺再好，人心难造。

图 9-1 偃师造人

春秋时代后期，被称为木匠祖师爷的鲁班，传说他利用竹子和木料制造出一个木鸟。它能在空中飞行，"三日不下"，这件事在古书《墨经》中有所记载，这可称得上世界上第一个空中机器人。

公元前 2 世纪，古希腊人发明了一个机器人，它用水、空气和蒸汽压力作为动力，能够动作，会自己开门，可以借助蒸汽唱歌。

东汉时期，我国大科学家张衡，不仅发明了震惊世界的"候风地动仪"，还发明了测量路程用的"计里鼓车"。车上装有木人、鼓和钟，每走 1 里，击鼓 1 次，每走 10 里击钟 1 次，奇妙无比。

三国时期的蜀汉，丞相诸葛亮既是一位军事家，又是一位发明家。传说他成功地创造出"木牛流马"，可以运送军用物资，被视为最早的陆地军用机器人。

500 多年前，达·芬奇在手稿中绘制了西方文明世界的第一款人形机器人，它用齿轮作为驱动装置，由此通过两个机械杆的齿轮再与胸部的一个圆盘齿轮咬合，机器人的胳膊就可以挥舞，可以坐下或者站立。更绝的是，再通过一个传动杆与头部相连，头部就可以转动甚至开合下颌。一旦配备自动鼓装置，这个机器人甚至就可以发出声音。后来，一群意大利工程师根据达·芬奇留下的草图苦苦揣摩，耗时 15 年造出了被称为"机器武士"的机器人，如图 9-2 所示。

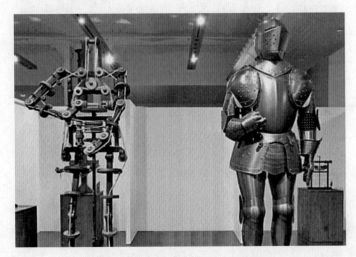

图 9-2　被称为"机器武士"的机器人

1738 年，法国天才技师杰克·戴·瓦克逊发明了一只机器鸭（见图 9-3），它会"嘎嘎"叫，会"游泳"和"喝水"，还会"进食"和"排泄"。瓦克逊的本意是想把生物的功能加以机械化而进行医学上的分析。

1768—1774 年间，瑞士钟表名匠德罗斯父子 3 人设计制造出 3 个像真人一样大小的机器人——写字偶人、绘图偶人和弹风琴偶人，如图 9-4 所示。它们是由凸轮控制和弹簧驱动的自动机器，至今还作为国宝被保存在瑞士纳切特尔市艺术和历史博物馆内。

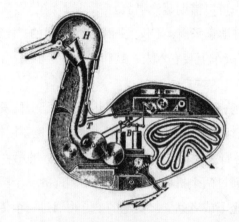

图 9-3　机器鸭

图 9-4　写字偶人、绘图偶人和弹风琴偶人

1928 年，W. H. Richards 发明出第一个人形机器人埃里克·罗伯特（Eric Robot）。这个机器人内置了马达装置，能够进行远程控制及声频控制。

3000 多年来，人类从未停止过对人造生命和人造智能的想象和追求。但限于理论、技术和工艺的水平，机器人还只能停留在"自动机械物体"的层面上。直到现代计算机理论体系建立，人类才终于看到了制造真正"人造智能"的曙光。

2. 图灵测试

艾伦·麦席森·图灵（Alan Mathison Turing，1912 年 6 月 23 日—1954 年 6 月 7 日，见图 9-5）是英国计算机科学家、数学家、逻辑学家、密码分析学家和理论生物学家，而他更为大众所熟知的身份，是计算机科学与人工智慧之父。

　　1936 年，图灵提出了一种抽象计算模型，即将人们使用纸、笔进行数学运算的过程进行抽象，由一个虚拟的机器替代人们进行数学运算。这就是图灵机，也被称为图灵运算。图灵机通过假设模型证明了任意复杂的计算都能通过一个个简单的操作完成，从而从理论上证明了"无限复杂计算"的可能性，直接给计算机的诞生提供了理论基础，也为研究能思考的机器提供了方向指引。

　　机器是否有可能思考？这个问题历史悠久，是二元并存理念和唯物论思想之间的区别。笛卡儿在 1637 年《谈谈方法》中指出，机器能够与人类互动，但认为这样的机器不能做出适当的反应，而人类没有这样的问题。因此，笛卡儿借此区分机器与人类。

　　1950 年，图灵发表了一篇划时代的论文 *Computing Machinery and Intelligence*，指出创造具有真正智能的机器的可能性。由于注意到"智能"这一概念难以确切定义，他提出了著名的图灵测试：被测试的一个是人类，另一个是声称自己有人类智力的机器。测试时，测试人与被测试人是分开的，测试人只能通过一些装置（如键盘）向被测试人问一些问题，随便问什么都可以。问过一些问题后，如果测试人能够正确地分出谁是人、谁是机器，那机器就没有通过图灵测试；如果测试人没有分出谁是人、谁是机器，那这个机器就是有人类智能的。这一简化使图灵能够令人信服地说明"思考的机器"是可能的。论文还回答了对这一假说的各种常见质疑。图灵测试是人工智能哲学方面首个严肃的提案。

图 9-5　艾伦·麦席森·图灵（Alan Mathison Turing）

根据人们的大体判断，达成能够通过图灵测试的技术需要涉及以下课题：自然语言处理、知识表示、自动推理和机器学习。尽管科学家们在进行不懈的努力和尝试，但到目前为止，还没有一台机器能够完全通过图灵测试。也就是说，计算机的智力与人类相比还有相当的一段距离。

3. 学科诞生

1956 年夏天，在常春藤名校达特茅斯学院，约翰·麦卡锡（John McCarthy）邀请了一批信息科学界的专家，共同进行了为期两个月的研讨会（成员合影如图 9-6 所示），目标是"精确、全面地描述人类的学习和其他智能，并制造机器来模拟"。这次达特茅斯会议被公认为人工智能（Artificial Intelligence，AI）这一学科的起源。

图 9-6　研讨会成员合影

此次研讨会"星光熠熠"，我们应该铭记这些大师的名字：克劳德·香农（Claude Shannon）、马文·明斯基（Marvin Minsky）、纳撒尼尔·罗切斯特（Nathaniel Rochester）、赫伯特·西蒙（Herbert Simon）、艾伦·纽厄尔（Allen Newell）、特伦查德·莫尔（Trenchard More）、亚瑟·塞缪尔（Arthur Samuel）、雷·所罗门诺夫（Ray Solomonoff）和奥利弗·塞尔弗里奇（Oliver Selfridge）。

4. 繁荣与低谷

达特茅斯会议后，人工智能研究的发展并非一帆风顺。与所有高新科技一样，人工智能研究的发展过程经历了挫折与挣扎、繁荣与低谷，经过了几起几落，每个兴盛期都有不同的技术出现，如图 9-7 所示。

图 9-7　人工智能研究的发展历程

　　最早一次的兴起是 1956 年至 20 世纪 70 年代初，以控制论、信息论和系统论为理论基础，以命题逻辑、谓词逻辑等知识表达、启发式搜索为代表算法。这一时期，人们对人工智能进行前期探索。当时人们就已经开始研究用机器来下棋的问题。香农最早提出了利用计算机编写国际象棋程序的设想，并于 1950 年发表了论文 *Programming a Computer for Playing Chess*，其内容奠定了现代弈棋机的基础。然而受限于当时硬件的发展水平，机器的计算能力不足，无法完成大规模的数据处理和复杂任务，各方面研究都遇到技术瓶颈。许多人工智能研究项目相继被"砍"，人工智能的发展进入了第一次冬天。

　　1980 年，卡内基梅隆大学为 DEC 公司设计了一套名为 XCON 的"专家系统"。这是一种采用人工智能程序的系统，可以简单地理解为"知识库+推理机"的组合。XCON 是一套具有完整专业知识和经验的计算机智能系统，每年可为 DEC 公司节省数千万美元的经费。随着 XCON 的成功，20 世纪 80 年代初，又兴起了人工智能的第二次热潮，各种专家系统遍地开花，人工智能开始从纯理论研究转向实际应用。那段时间诞生了诸如医疗专家系统 MYCIN、化学专家系统 DENDRAL、地质专家系统 PROSPECTOR 等一批具有代表性的专家系统。但当时的研究缺乏很好的理论根基，基本还是以符号为主的推理，神经网络算法的研究还处于第二代，并不是很实用，导致传统的专家系统具有知识获取困难、无法自动进化规则、非健壮性等缺陷，逐渐地被商业公司放弃，风光不再。同时，各大学（麻省理工学院、卡内基梅隆大学、斯坦福大学等）与 DARPA（美国国防高级研究计划署）的合作计划也宣告失败。人工智能在短暂的辉煌后，再次跌入了近30 年的寒冬。

第三次热潮是 2016 年一个名叫 AlphaGo 的机器人引发的。2016 年 3 月，Google 公司旗下 DeepMind 公司开发的人工智能机器人 AlphaGo，与职业九段棋手李世石进行围棋人机大战，以 4 比 1 的总比分获胜；2016 年末至 2017 年初，AlphaGo 在中国棋类网站上以"Master"（大师）为注册账号与中日韩几十位围棋高手进行快棋对决，连续 60 局无一败绩；2017 年 5 月，在中国乌镇围棋峰会上，它与排名世界第一的围棋冠军柯洁对战，以 3 比 0 的总比分获胜。围棋界公认 AlphaGo 的棋力已经超过人类职业围棋选手的顶尖水平。人们曾经认为在所有的人类智力竞技项目中，围棋是最不可能被机器战胜的，如今这一堡垒也被 AI 攻克了。以往大众印象中只存在于实验室里的人工智能，在一夜之间突然出现在公众面前，成为科技公司公关的战场、网络媒体获取流量的风口，随后受到政府的重视和投资界的追捧。

此次热潮的出现其实并非偶然，主要得益于统计学习成为人工智能走向实用的理论基础，同时神经网络学科得到了较大发展，再加上互联网的大数据出现了井喷。在政府决策、商业投资、大数据环境的相互作用下，人工智能将是未来 10 年最具变革性的技术，人工智能将迎来大发展。

9.1.2　人工智能的研究方向和方法

为了让机器像人一样思考，人工智能就必须涵盖很多学科。人工智能的表现形式和相关学科如下。

（1）会看：图像识别、文字识别、车牌识别。

（2）会听：语音识别、说话人识别、机器翻译。

（3）会说：语音合成、人机对话。

（4）会行动：机器人、自动驾驶汽车、无人机。

（5）会思考：人机对弈、定理证明、医疗诊断。

（6）会学习：机器学习、知识表示。

从理论基础出发，我们可以将人工智能发展的 60 年分成两个阶段：前 30 年以数理逻辑的表达与推理为主，后 30 年以概率统计的建模、学习和计算为主。在今天，要谈人工智能就避不开机器学习和深度学习。

机器学习（Machine Learning）是实现人工智能的一种方法。机器学习的概念来自早期的人工智能研究者，已经研究出的算法包括决策树学习、归纳逻辑编程、增强学习和贝叶斯网络等。简单来说，机器学习就是使用算法分析数据，从中学习并做出推断或预测。与传统的使用特定指令集手写软件不同，机器学习方法使用大量数据和算法来"训练"机器，让机器学会如何自己完成任务。

深度学习（Deep Learning）是实现机器学习的一种技术。深度学习的概念源于人工神经网络的研究，含多个隐层的多层感知器就是一种深度学习结构。深度学习通过组合低层特征形成更加抽象的高层表示属性类别或特征，以发现数据的分布式特征表示。

图 9-8 给出利用隐藏层进行图片解码，从而实现人脸识别。

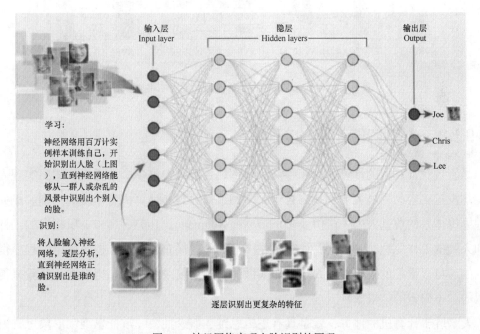

图 9-8　神经网络实现人脸识别的原理

为了识别出面部，神经网络首先要分析从输入层输入的图像的个体像素。接下来，在下一层中选择特定面部所有特有的几何形状。在中间层识别出眼睛、嘴巴等其他特征，直到更高一层识别出一张组合好的完整面部。

多层神经网络在图像识别领域大放异彩。ImageNet 项目是一个用于视觉对象识别软件研究的大型可视化数据库。2010—2017 年，ImageNet 项目每年举办一次比赛——ILSVRC（ImageNet 大规模视觉识别挑战赛）。2017 年，举办方宣布比赛正式结束，此后将专注于目前尚未解决的问题。图 9-9 所示为 2010—2015 年 ImageNet 项目冠军所用神经网络的层数和图像识别错误率。可以看出，在特定领域、特定类别下，计算机在图像

识别上的能力已经超过了人的能力。

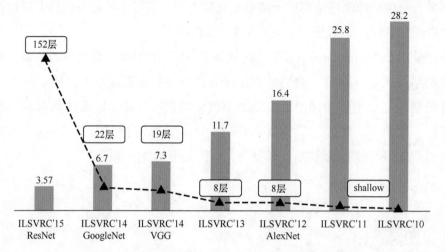

图 9-9　2010—2015 年 ImageNet 项目冠军的相关信息

9.1.3　人工智能面临的问题

尽管现代计算机的计算速度和存储容量都比人脑高出许多个数量级，想要实现人工智能却没这么容易，最大的挑战来自于人脑的工作原理与计算机有本质的区别。正如现代计算机体系的奠基人冯·诺伊曼（John von Neumann，1903—1957）所指出的：计算机和人脑的工作原理非常不同，计算机是离散的，遵循布尔逻辑，按照预定的程序得出精确的、可以重复的结果；而人脑是非离散的，遵循复杂的，依赖历史文化经验来得出近似的、不确定的结果。

人脑胜于计算机的地方，就是具有逻辑思维、概念抽象、辩证思维和形象思维，能从知识中抽取出性质不同、更高层次的核心知识，能从多方面把握信息。因此，在解决问题时，人脑大大减少了对每一种可能组合的问题解决方案的探索，甚至在很多情况下根本无须探索各种可能的组合，就直接想出办法、找到答案。

目前人工智能距离人类智能还有很大差距，总体发展水平仍处于起步阶段。取得的成果主要集中在面向特定领域的人工智能（即专用人工智能，如只会下围棋的 AlphaGo），通用人工智能研究与应用依然长路漫漫。现阶段人工智能的局限性主要表现在以下 5 个方面。

（1）认识论的局限性。

（2）智能化方法与途径方面的局限性。

（3）数学基础的局限性。

（4）计算机模型的局限性。

（5）实现技术方面的局限性。

人工智能面临的另一个难题就是社会伦理问题。霍金、盖茨和马斯克等对人工智能特别是强人工智能，持有悲观的态度，担心人工智能发展速度将超过人类发展速度，用人类现有的知识水准无法预测并控制人工智能可能给人类社会带来的灾难。社会公众对人工智能的理解，在很大程度上依然被许多文学和影视作品所影响。目前人们对人工智能可能造成的社会伦理问题的担忧，主要体现在以下 5 个方面。

（1）人和机器的边界越来越模糊，AI 是否属于智慧生命？

（2）利用 AI 进行身份标识、个性化推荐会造成算法歧视，进而影响社会群体格局。

（3）AI 在对生产和生活进行管理（如自动驾驶、交通管制、自动化生产线等）时有可能引发安全问题，电影《终结者》中的审判日会不会到来？

（4）随着 AI 的能力日益增强，越来越多的工人会被机器人所代替，由此会引发社会经济问题和社会阶层的动荡。

（5）AI 的发展需要大量人类数据作为"燃料"，因此人类隐私可能暴露在 AI 之下。

9.2 数据驱动的智能时代

2016 年，AlphaGo 横空出世，击败世界围棋界多位高手。一石激起千层浪，政府、媒体、商业公司、公众都纷纷"推波助澜"，高呼"智能为王"的时代到来了。但根据前文的内容，人工智能学科诞生于 1956 年的达特茅斯会议，在这 60 多年间，人工智能的概念从没有像今天那样受到广泛关注。那么，人工智能在这样一个时间点爆发，是偶然还是必然？

9.2.1 人工智能与大数据

这里不得不提及另一个与人工智能一样热门的概念，那就是大数据。正是因为有了大数据的出现，人工智能才真正插上了腾飞的翅膀。

20 世纪 80 年代以后，人们才确定了通过数据来产生智能的方向。如今的人工智能其实也可以被称为数据智能，用大量的数据作导向，让需要机器来做判别的问题最终转化为数据问题。在前文中，我们已经提及目前实现人工智能的主流方法是机器学习。机器学习就是使用算法分析数据，从中学习并做出推断或预测，所以需要海量的数据来进行导入和学习。但是由于过去的数据量相对于互联网时代的数据大爆炸来说，太过于微薄，所以机器学习一直没有实质性的进展。直到 20 世纪 90 年代之后，才开始渐渐有了网络数据的积累。而大数据的积累为人工智能的发展提供了充足的动力，如图 9-10 所示。爆炸性增长的数据推动着新技术的萌发和壮大，为深度学习方法训练机器提供了丰厚的数据土壤。

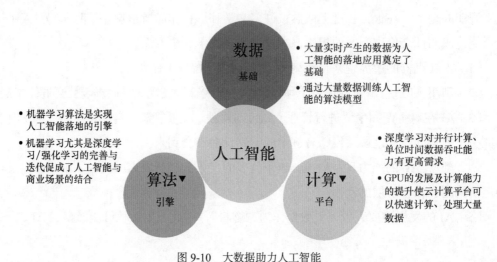

图 9-10　大数据助力人工智能

尽管大数据和人工智能是两个不同领域的概念，人们却总是将二者结合在一起。事实上，大数据和人工智能是相辅相成的。

大数据主要包括采集与预处理、存储与管理、分析与加工、可视化计算及数据安全等。大量多维、异构的数据，为人工智能提供丰富的数据积累和训练资源。无论是 Google 公司的无人驾驶，还是科大讯飞公司的机器翻译，不管是百度公司的"小度"，还是英特尔公司的精准医疗，机器们每时每刻都在学习大量的非结构化数据。以人脸识别为例，自深度学习出现以后，百度公司训练人脸识别系统需要 2 亿幅人脸画像，而识别精准度从 70%提升到了 95%。由此可见，人工智能的快速演进，不仅需要理论研究，还需要大量的数据作为支撑。

人工智能领域汇集了海量数据，传统的数据处理技术难以满足高强度、高频次的处理需求。目前，GPU、NPU、FPGA 和各种各样的 AI-PU 专用芯片大量出现。在训练神经网络过程中，AI 芯片比传统的 CPU 提升约 70 倍的运算速度。而大数据同样也可以利用这些 AI 芯片，大大提升大规模数据处理的效率。机器学习算法可以学习如何重现某种行为，包括收集数据、清洗数据、结构化数据等，可以大大加速整个数据处理的进程。

随着人工智能的快速应用与普及，大数据不断累积，深度学习及强化学习等算法不断优化，大数据技术将与人工智能技术更紧密地结合，强化对数据的理解、分析、发现和决策能力，从而能从数据中获取更准确、更深层次的知识，挖掘数据背后的价值，催生出新业态、新模式。

9.2.2　产业战略

人工智能是引领性的战略性技术和新一轮产业变革的核心驱动力，世界上主要发达国家都从国家层面加强了对人工智能的战略安排、顶层设计和系统协调。比较而言，美国、英国政府注重人工智能的基础研究，日本、德国偏向从应用方面促进人工智能的发展。各发达国家都重视人工智能人才队伍的建设，完善和提升大数据、云计算等人工智能基础架构，注重引导人工智能为社会造福，预防人工智能引发就业、公平等社会问题。

虽然美国在理论研究、核心技术、基础人才、产业规模等方面都领先于其他国家，但中国正在奋起直追。我国有世界上最大的人工智能市场，在数据量上有无可比拟的优势。得益于政府的高度重视和政策支持，我国一大批 AI 初创企业都已经或正在跻身全球"独角兽"行列。美国 CB 风险投资公司发布的《2018 年人工智能发展趋势》报告显示，2017 年，中国人工智能初创企业股权融资额占全球总量的 48%，首次超越美国并高出 10 个百分点。中美人工智能热门领域企业规模对比如图 9-11 所示。

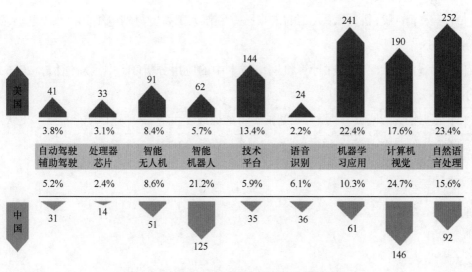

图 9-11　中美人工智能热门领域企业规模对比

"智能＋"应用范式正日趋成熟，AI 向各行各业快速渗透、融合，进而重塑整个社会发展，这是人工智能驱动第四次技术革命的最主要表现方式。从网络购物到医疗保健服务，从交通运输到游戏娱乐，人工智能已经渗透到中国人日常生活的方方面面，中国人正以远比许多发达国家民众更开放的姿态拥抱人工智能。

习　　题

9-1　什么是人工智能？

9-2　人工智能对未来经济社会发展的主要推动作用有哪些？

9-3　人工智能面临的主要现实挑战有哪些？

9-4　人工智能在中国的发展现状如何，有哪些优势和挑战？

本章参考文献

[1] 曾毅，刘成林，谭铁牛. 类脑智能研究的回顾与展望[J]. 计算机学报，2016，39（01）：212-222.

[2] 胡郁. 人工智能的迷思——关于人工智能科幻电影的梳理与研究[J]. 当代电影，2016（02）：50-55.

[3] 秦喜清. 我，机器人，人类的未来——漫谈人工智能科幻电影[J]. 当代电影，2016（02）：60-65.

[4] 郝登山. 人工智能在计算机网络技术中的应用分析[J]. 中国新通信，2016，18（01）：87-89.

[5] 翟振明，彭晓芸. "强人工智能"将如何改变世界——人工智能的技术飞跃与应用伦理前瞻[J]. 人民论坛·学术前沿，2016（07）：22-33.